04

PASSI

Prima edizione: aprile 2018
Nona ristampa: aprile 2024

In copertina: elaborazione grafica da © Shutterstock
Art direction: *the*WORLD*of*DOT

Ponte alle Grazie è un marchio
di Adriano Salani Editore s.u.r.l.
Gruppo editoriale Mauri Spagnol

Il nostro indirizzo Internet è www.ponteallegrazie.it
Seguici su Facebook e su Twitter (@ponteallegrazie)
Per essere informato sulle novità
del Gruppo editoriale Mauri Spagnol visita:
www.illibraio.it

Il volume è stato realizzato in collaborazione con il Club Alpino Italiano

ISBN 978-88-6833-781-0

LOUIS OREILLER
CON IRENE BORGNA

IL PASTORE DI STAMBECCHI

Storia di una vita
fuori traccia

PONTE ALLE GRAZIE

È tutta stesa al sole, vecchio,
questa vecchia storia.
Tutta nelle tue gambe
e nella tua memoria.

Francesco De Gregori,
Tutto più chiaro che qui

Com'eri bella, più ti conoscevo e più ti amavo. Camminai su di te per cinquant'anni e non finivi di stupirmi, mi hai fatto capire tante cose, mi hai insegnato ad amare [...] e a rispettare, mi hai ospitato nei tuoi alberghi, le *balme*: [...] quando ti lasciavo ti facevo una carezza, piccolo gesto [...] in segno di ringraziamento.

Con la montagna ho fatto un patto di vicendevole aiuto, un patto che forse diventa solo lassù un moto naturale dell'animo, un soccorritore spontaneo.

Louis Oreiller

Introduzione

La mia casa guarda l'acqua
è una preghiera senza chiesa.
Su un foglio ti lascio scrivere
quello che non son riuscito a dire.

Valeria Tron, *Man de peiro*

La luce lungo l'autostrada Torino-Savona in una mattina di metà ottobre può essere così limpida e sottile che viene da abbassare il finestrino per verificare se l'aria profuma di bucato appena steso. Nello specchietto retrovisore le brume della pianura si disperdono come un esercito di fantasmi in fuga contro i bastioni delle Alpi Marittime, oltre il parabrezza le Alpi Graie incidono una fuga di cime bianche nel blu irreale. È nevicato di fresco e oggi le montagne sembrano nuove di zecca e piene di promesse, con un brillare di cellophane sulle vette. Sono profili sconosciuti, quelli valdostani: è frustrante non riuscire a raccapezzarsi, balbettare a malapena qualche toponimo incerto qui e là.

Nominare è conoscere e possedere, riconoscere e addomesticare: «Nella sua valle sa il nome e il carattere di ogni canalone, balza di roccia, albero». Così mi è stato presentato al telefono Louis Oreiller, classe 1934, occhi azzurri intensissimi e un viso tornito dall'età, dalla consuetudine col sole e col vento. È lui che sono venuta a incontrare a

Rhêmes-Notre-Dame, nel cortile della casa in pietra affacciata sulla Dora a 1700 metri di quota.

Indossa una camicia a quadri sotto al maglione di lana spessa, ha mani forti, la barba lunga e bianca, segnata dalla nicotina intorno al sorriso con cui mi viene incontro a passo spedito, la fiera zazzera bianca alla Walter Bonatti che spunta da sotto il cappellino con la visiera a proteggere lo sguardo.

Per associazione di idee penso che un suo ritratto non stonerebbe in una galleria degli alpinisti del Novecento: ma Louis la montagna non l'ha mai sfidata, piuttosto ha imparato a viverle sopra, dentro, insieme. Sono venuta a cercare di capire – di carpire – come ci sia riuscito, come abbia potuto attraversare gli ultimi ottant'anni cambiando mille mestieri in una montagna che nel frattempo è cambiata quasi del tutto, forse per sempre. E imparando a volerle bene.

Raccogliere storie è un'avventura appassionante: rara, delicata e un po' matta. L'antropologo alpino impara presto che bisogna guadagnarsi, condividendo un numero considerevole e poco salutare di tazzine di caffè, la fiducia di chi ci affida un ricordo, un'impressione, un'esperienza. Occorre saper leggere tra le righe di ciò che viene detto, insistere discretamente lungo i confini dell'esplicito per individuare il taciuto e le sacrosante ragioni del silenzio – per scegliere infine con cura le parole da *non* scrivere.

Quando l'oggetto del narrare è una vita in corso – e una vita straordinaria – il timore teorico è di farle violenza forzandone il senso, quello pratico è di finire rincorsi da un Louis contrariato e armato di accetta. L'unico antidoto a entrambi i rischi è assuefarsi alla caffeina, accumulare pomeriggi e chiacchiere in ogni stagione, ritornare ancora e ancora fino al giorno in cui il registratore e il taccuino non rimangono a casa – perché quando si va in visita da un amico si prende il caffè, non gli appunti.

A forza di bussare alla stessa porta sul medesimo ballatoio di legno e di imprimere il calco di un ostinato rimanere sulle sedie del soggiorno e sulle panche del cortile, ha preso corpo l'idea di raccontare un uomo per raccontare un mondo alpino forse perduto per sempre – di sicuro profondamente trasformato. *Rhêmein* di ottantacinque anni (ma ne aggiunge sempre uno a quello già compiuto), Louis è nato e ha sempre vissuto in paese. La sua vita intensa è un condensato di esperienze che illuminano dalla prospettiva irripetibile del singolo importanti momenti storici: dalle istantanee di un passato montanaro fatto di bracconaggio e magro contrabbando, alle fotografie di una minuscola valle in trasformazione, specchio di una Val d'Aosta e di un'Italia che nel secondo dopoguerra mutano profondamente aspetto nel paesaggio fisico, economico e sociale. L'Italia che dismette gli abiti del contadino e indossa la tuta dell'operaio va di pari passo con la Val d'Aosta che s'innerva di strade asfaltate, che portano la città in montagna nei fine settimana e i montanari a fondovalle per sempre.

Complementare al lavoro salariato è il tempo liberato dal lavoro e prontamente conquistato dall'industria del turismo: sono le due facce della società dei consumi, «smaniosa e imprevidente», in grado di erodere in pochi decenni il tessuto della civiltà alpina preesistente. Come scrive Enrico Camanni, quel che non era riuscito in diecimila anni alle valanghe, alle frane, agli inverni, alle alluvioni, alle epidemie, agli eserciti, ai tiranni e agli invasori, riesce nell'ultimo minuto dell'orologio alpino a un paradigma così forte e persuasivo da cancellare la storia precedente.

Louis attraversa la trasformazione traghettando sulle sponde di questi anni, in cui il legame con la natura è frainteso, mistificato, calpestato e deriso, saperi preziosi e sensibilità acquisite in una quotidiana familiarità con la montagna. Come la Val di Rhêmes, sul versante destro Parco Nazionale del Gran Paradiso e su quello opposto riserva privata di caccia, anche la vita professionale di Louis è ripartita fra il mestiere di guardiaparco e la professione del guardiacaccia: due divise e due ruoli simili e nello stesso tempo lontani che in comune hanno lunghe giornate solitarie di vigilanza e di appostamenti, gli stessi nemici – i bracconieri – e una conoscenza minuziosa della montagna e dei suoi animali. Sono questi due mestieri che portano Louis a maturare negli anni un rapporto diverso con la montagna.

Da bambino e da ragazzo il suo atteggiamento è quello predatorio e diffidente di un cacciatore-raccoglitore d'alta quota: appena oltre la sfera dell'umano si apre lo spazio da cui ricavare con fatica di che mangiare, scaldarsi, costruire, guadagnare due soldi con cui acquistare quello che non si riesce ad autoprodurre. Il camoscio è nutrimento, il larice è legna da ardere, la roccia è già pietra da costruzione, il gatto è il piccolo zimbello arrogante cui giocare gli scherzi peggiori. Uno sguardo rivolto all'utile, che vede minerali, animali e piante come beni di cui disporre o come ostacoli da eliminare a seconda dei casi. D'altra parte per il montanaro l'alpe da sempre designa non la vetta, cui ambisce e allude il cittadino utilizzando la stessa parola, ma l'alpeggio, il pascolo: uno spazio addomesticato e redditizio – l'unico davvero interessante.

Da dietro alle lenti del binocolo, strumento del guardiaparco e del guardiacaccia, la prospettiva di Louis sulla montagna cambia a poco a poco, acquista complessità e contraddizioni, sfocia in rispetto e in un qualcosa di molto simile all'amore. Incaricato di proteggere la natura ci si immerge, la percorre quotidianamente fuori traccia, la osserva per ore, giorni, anni. La vive nella solitudine di innumerevoli albe e tramonti, la sopporta sotto la pioggia e la neve, impara persino a goderne. Ne apprezza la bellezza, ne ammira la perfezione, ne studia i meccanismi, formula teorie sul comportamento degli animali e le compone in una personalissima etologia etica ed epica, dove mamma ermellino si vendica crudelmente della vipera che le ha ucciso i cuccioli, la marmotta sconfitta e morente perdona il rivale, il corvo che becca gli occhi del cucciolo appena nato di camoscio rischia di essere fulminato da un colpo di rivoltella. Perché Louis è sempre dalla parte dei più deboli – anche quando si tratta di animali: i predatori prepotenti dovranno pur mangiare, ma è meglio che lo facciano al di fuori del suo raggio d'azione se non vogliono rischiare di essere impallinati (a maggior ragione se si tratta di gatti, quelli non gli vanno a genio nemmeno adesso). Questa interpretazione *sui generis* della catena alimentare è il risultato di un percorso di studio e di ricerca che più sul campo non si può, di cui Louis riconosce con modestia i limiti («Mi dispiace di non aver potuto studiare di più sui libri») e che conduce a un totale capovolgimento di prospettiva. Louis apprende una sintonia con la montagna che è simbiosi, mutua dipendenza; arriva a sentirsi la minuscola parte di un qualcosa di immensamente più grande, più potente, inconoscibile, addirittura misterioso e degno di reverenza – di sentimento, persino: «Togli Nathalie, togli nostro figlio: poi se mi chiedi dell'amore ti parlo della montagna».

Mi piace pensare che i primi maestri di Louis siano stati gli alberi. Fin da piccolo è stato uomo di bosco, luogo sacro per eccellenza non perché non si debba toccare, ma perché va accudito con lo stesso spirito che ha il custode per il suo gregge. Pastore di alberi prima di diventarlo di stambecchi, da boscaiolo ha imparato l'arte magica di far cantare i tronchi per stabilire chi deve cadere e in che punto preciso assestare il colpo perché il lavoro sia ben fatto e l'agonia breve. E proprio come un animale ucciso, anche tagliato l'albero è qualcuno: dopo aver abbattuto la struttura, dopo aver spogliato il tronco dei rami, bisogna dare una destinazione alla materia che fu vivente, giustificare chi ne ha interrotto il fluire. Nulla va sprecato, tutto dev'essere utilizzato – per necessità, certo – ma anche per rispetto. Nel laboratorio del seminterrato, Louis conserva frammenti di tronchi di alberi vecchissimi, abbattuti oltre sessant'anni fa: molti sono passati fra le sue mani per diventare sculture, altri ancora sono in attesa di diventare un pezzo della singolare esposizione che è andata creandosi negli anni. Una «personale» nel vero senso della parola, perché Louis scolpisce solo per sé o tutt'al più per gli amici e l'alieno, l'alpino, il crocifisso e lo stambecco in bilico sulla cengia li ha modellati su suggerimento dei nodi del legno, assecondando i ricordi e la fantasia.

Maestri discreti, persino divelti, scavati, rosi dagli insetti, bucati dal picchio e dilavati dal gioco delle stagioni, alcuni alberi rimasti a sbiancare nel bosco conservano una voce. Parlano con le barbe colorate dei licheni, con le forme vellutate dei funghi del legno, con il verde morbido del muschio che cresce nell'umido. Che cosa dicono? Raccontano di quella cosa che «noi che viviamo lontano lungo il mare o nei campi» (Cesare Pavese, *Dialoghi con Leucò*) abbiamo perduto: la percezione di un comune destino, il sentimento di appartenenza al tutto, l'intuizione di non essere che frammenti e l'accettazione serena del fatto.

Tra i saperi e le sensibilità che Louis ha portato in salvo dal naufragio della civiltà alpina per deporli sulle rive di questo tempo incerto c'è dunque l'eco di un'intimità perduta con la natura, l'umiltà di chi sa che non arriverà a capire tutto, ma che si ostina a cercare spiegazioni, la bellezza del gesto di una mano che riconosce l'utilizzo di un oggetto prima ancora di sfiorarlo e lo fa col tocco esperto di chi dialoga con le cose, appoggia le dita come fossero domande e sa ricavare al tatto tutte le risposte che gli occorrono. Perdere i saperi di Louis, i racconti dei suoi incontri con la montagna non sarebbe solo smarrire delle belle storie, ma rinunciare a una frammentaria, confusa, in parte cancellata Stele di Rosetta per intendere il mondo alpino. Se è vero che ogni vita è un'esperienza irripetibile, ce ne sono alcune che nascondono messaggi speciali rivolti a chi è capace di decifrarli.

In questo libro i messaggi sono dispersi come semi in un campo lungo i dieci capitoli che ripercorrono in prima persona le tappe dell'avventura di Louis a cavallo fra Secolo breve e Terzo millennio: un albero genealogico di indomiti montanari un po' sciamani, (quasi) tutti i mestieri immaginabili, l'esperienza dura della naja, la professione di guardia, gli incontri di un mondo perduto passato per Rhêmes, gli animali domestici e i selvatici – a diverso titolo compagni della vita di tutti i giorni –, la neve come limite e come possibilità, la montagna come orizzonte, il villaggio come inizio e fine del viaggio. Perché «tra i mille possibili, scegliere il luogo stesso dove il caso ci ha fatto nascere non è necessariamente sinonimo di mancanza di immaginazione» (Serge Latouche, *Breve trattato sulla decrescita serena*) e per conoscere un luogo ci si può sforzare di possederlo oppure tentare di appartenergli. C'è una *bella* differenza: per coglierla a volte non basta una vita intera.

Irene Borgna
Chiusa di Pesio, gennaio 2018

Chiamatemi Louis

Una mattina d'inverno di tanti anni fa mi sono alzato per andare a lavorare. Faceva freddo, salivo al buio sprofondando in un metro di neve fresca: era uno di quei giorni che due caffè non sono abbastanza per cominciare a ragionare. Piano piano si è alzata la prima delle cinque albe d'inverno e all'improvviso è apparsa Rhêmes, laggiù, soffocata di bianco. Ho visto i venti comignoli fumare e immaginato i pochi abitanti che stavano dormendo, cucinando, lavorando in quel piccolo spazio rubato alle slavine. Sembrava di vedere la Terra dalla Luna: così piccola, così fragile, così bella. 'Dobbiamo essere completamente matti per vivere laggiù' ho pensato. «Non potrei mai andare via» dico.

Chiamatemi Louis. O Luigi: fa lo stesso. Sono italiano e valdostano da ottantacinque anni, abbastanza per non farci caso. Ho sempre abitato a Rhêmes-Notre-Dame, al fondo di una valle troppo stretta e troppo fonda, che comincia a Introd con un precipizio e finisce schiantata contro i ghiacciai che sconfinano in Val d'Isère. Fin qui i papi non si sono spinti: siamo troppo lontani dal cielo.

Dicono che i primi abitanti non ci siano arrivati per

scelta, ma per punizione: cento schiavi galeotti e ribelli che nemmeno remo, frusta e mare aperto avevano potuto piegare. Stanco di questa gente impossibile, un governatore romano aveva deciso di rinchiuderli in una galera di roccia: la Val di Rhêmes, la valle del remo e dei cento vogatori indomabili. Sarà un caso, ma Centoz qui è un cognome molto diffuso.

Ultimo avamposto abitato tutto l'anno, comune più meridionale e meno popolato della Val d'Aosta, Rhêmes è uno stringersi di pulcini di pietra sotto alla parrocchiale della Visitazione, bianca come una chioccia. Il paese ha la forma che gli hanno scolpito le valanghe – i costruttori troppo disinvolti ci hanno sempre pensato le slavine a castigarli. Da novembre fino al disgelo il loro cadere è un ospite quotidiano e sgradito, una cattiva compagnia che rovina a valle con voci che prima o poi riesci a distinguere. Potrei chiamarle per nome, le valanghe di questa valle: per sopravvivere ho dovuto imparare a rispettarle, a prevederne le mosse e a intuirne i meccanismi segreti – ad amarle no, non ci sono ancora riuscito.

Passano in tanti a salutarmi, nella breve stagione calda: un cenno con la mano, qualcuno che chiede notizie, mio fratello che cerca aiuto per tagliare due alberi – lascia perdere, faccio io –, una donna sorridente che si ricorda di me quando ancora portavo la divisa da guardiaparco. Con la schiena contro le pietre di casa, giro fra le dita carta e tabacco nell'ora sospesa fra il tramonto e la cena. Vado fiero delle mie mani, di questi strumenti ancora forti, fermi, precisi: hanno stretto il manico di mille attrezzi ai tempi dei lavori sui cantieri e nei boschi, hanno premuto il grilletto per finire un animale ferito, si sono serrate intorno al manico del coltello da guardiacaccia che ne ha liberato le viscere, qualche volta hanno colpito per far male, ma sempre come risposta a un'offesa. Le osservo spuntare dalla camicia a quadri ben stirata, dal maglione di lana grigia che cade largo sulle rovine di un corpo muscoloso. Persino bello, dicono.

La vecchiaia è sottrazione: si perdono chili, centimetri di statura, se ne vanno la vista e le persone. L'ultimo ad andarsene è stato mio fratello Enrico: non mi spaventa l'idea di seguirlo, mi tormentano il pensiero di non poter più tagliare la legna per mia moglie Nathalie, le preoccupazioni per un figlio diventato uomo e andato lontano. Giorno dopo giorno, ho l'impressione che la pelle si faccia più sottile, tesa sotto l'unica quantità che aumenta: i ricordi – sempre più numerosi, sempre più ingombranti. Qui tutto ha memoria e ho memoria di tutto: mi chiamano a risolvere le dispute sui confini perché conosco la storia di ogni sasso, che si tratti di un termine fra le proprietà o di un qualunque ciottolo della Dora. Ci vado col passo più lento di un tempo, perché i colpi ricevuti si fanno sentire con gli interessi. O forse quelli che chiamo acciacchi sono solo i cerchi in più sulle corna di un vecchio stambecco.

Capitolo 1
Una notte ventosa d'autunno
radici

Appena a valle di Bruil, sulla sinistra per chi sale, c'è un gruppo di case chiamato *les Oreillers*, 'gli Oreiller': abbiamo lo stesso nome, ma non lo so se è stata la famiglia a battezzare il villaggio oppure se è stato il posto a dare il nome alle persone. Di sicuro ci sono solo tre cose: che gli Oreiller sono originari di Rhêmes-Notre-Dame; che si sono dispersi in Francia, in Svizzera, in tutto il mondo; che si perderanno.

In famiglia eravamo cinque fratelli. Enrico era il più vecchio, poi c'era un fratello che è morto a due anni, quindi io di sei anni più giovane, Pierino che ne ha nove in meno di me e infine Vittorio, che è nato nel 1953: fra di noi ci sono vent'anni di differenza – una generazione.

Enrico era internazionale, andava sempre in giro con il suo camion e dei sopraccarichi da far paura. C'è stato un periodo che faceva quattro viaggi al giorno da Montalto Dora con l'argilla per bitumare le strade. La polizia l'ha mai fregato, lui. Quelli di Pont-Saint-Martin ci provavano *ben*: lo fermavano, poi andavano a bere insieme e lì lui gliela contava e faceva tanto che la multa alla fine non gliel'han mica mai data. In tutta la sua carriera non ha perso un carico, non ha mai toccato un camion – e beveva, *neh*. Tante volte lo prendevano così ubriaco che non stava più in piedi e lo mettevano in cabina: lui non so come, sul camion ritornava lucido e riusciva a farlo andare. Con la macchina non funzionava. D'altra parte lo dicono che per gli ubriachi c'è un dio speciale.

Mia madre era del 1911 e non l'ho mai vista ferma. Come la mamma di Nathalie, anche lei ha sempre lavorato in casa. Se era seduta e stava parlando con qualcuno, allora con le mani era impegnata in qualcos'altro: cuciva, puliva la verdura, cose così. Non aveva mai tempo da perdere in chiacchiere e sempre troppo da fare. Badava a papà, a me e ai miei tre fratelli, guardava gli animali, si prendeva cura dell'orto, pensava alla cucina, al bucato, alla legna. Carezze poche, in compenso ho preso tante di quelle scopate in testa, *deh*: perché quando succedeva qualcosa, di solito, nell'incertezza, la colpa era la mia. Ha avuto una vita durissima e quando è morta, così debole che dovevo accompagnarla in bagno, lei che non era di tante parole ha detto una frase che mi ha lasciato lì: «Sono nata povera e muoio ricca». *Voilà*, mi è sembrato di conoscerla solo in quel momento – destino che vivi una vita insieme e conosci davvero tua madre solo quando se ne va. Sotto casa c'è ancora una catasta di legna che ha fatto lei: sono già degli anni che è lì e l'ho mica mai toccata.

Di mamma non è rimasta neanche una foto: le ha bruciate tutte oppure si è tagliata via, di modo che nessuno potesse vedere com'era da giovane. Spiace, ma forse non ha poi sbagliato: Nathalie qualche tempo fa mi ha rimproverato perché un giorno mi ha fatto vedere una piccola fotografia. Non conoscevo nessuno. «Beh, almeno questa la conosci» mi ha detto indicando una ragazza. E io, niente. Era mia moglie da giovane: per fortuna che lei conosce me e non se l'è mica presa. Adesso quella foto l'ho data da ingrandire per appenderla in casa.

Di mio padre e del papà di Nathalie, invece, abbiamo il ritratto in cucina: erano effettivi nei Vigili del Fuoco e in tempo di guerra li hanno fermati tutti e due in Sardegna insieme, uno a Sant'Antioco, e l'altro a Cagliari. Mio papà si chiamava Ferdinand, è stato guardiacaccia prima che la riserva passasse alla famiglia dei Rossi di Montelera e poi uno dei primi guardiaparco del Gran Paradiso, fino agli anni Cinquanta. Aveva le elementari, ma era una testa: la tabellina io mica l'ho mai imparata – sì, fino al cinque, poi ho sempre usato le dita – invece lui la sapeva fino in fondo e i conti li faceva quasi tutti a testa. Leggeva benissimo, leggeva qualunque cosa: se c'era un pezzo di carta in giro lui lo leggeva. Sapeva persino leggere il latino e scrivere in francese – dove ha imparato non so. Anche con la musica era un fenomeno, è stato direttore del coro della parrocchia: il 2 luglio alla festa patronale sfidava il parroco a cantare la passione – due ore e mezza filate, con piccole pause per bere un sorso d'acqua. Fumava e non era il tipo che faceva tanti complimenti: era bravissimo, ma io non ho mai avuto un suo abbraccio. Quasi mai. Una volta, avrò avuto diciott'anni, ci avevano dato un focatico – un lotto da far legna per la stufa – nei boschi verso il Col du Sort: potevamo tagliare dei larici in deperimento. Erano in un avvallamento dietro al casotto del Parco: i pezzi più grossi li abbiamo fatti di un metro e li portavamo su legati. Papà e io ci incrociavamo andando su e giù. Andavamo avanti così già da un bel po' e c'era un pezzo più grosso, enorme, che rimaneva sempre lì al fondo della conca. Secondo papà bisognava usare una pertica e mettersi in due a tirare. A un bel momento ho fatto che caricarlo e portarlo su sulla schiena. Quando papà mi ha visto arrivare con quello addosso, mi ha abbracciato. «Non è possibile» ha detto, «ma lo sai quanto pesa?» Quella è stata l'unica volta. Poi si è seduto e si è girato una sigaretta. Senza dire niente ne ha fatta un'altra: 'La fumerà più tardi' ho pensato. Invece me l'ha passata con i fiammiferi, tanto lo sapeva che fumavo: «Però mi raccomando una cosa. Io non ti dico di fumare, non fa bene. Ma se fumi nei boschi vai sempre dove c'è una piccola pietra, e la sigaretta accesa la posi lì. Poi per spegnerla sputi sopra la pietra e ci schiacci la sigaretta sopra». E questo mi è sempre rimasto, ancora adesso: ci penso tutte le volte che fumo nel bosco, da settant'anni. Vuol dire che ci ho pensato quasi tutti i giorni.

Con gli alberi ci vivevamo: la nostra era una vita di legno. Serviva per tutto: per costruire le case, le porte, i mobili, gli attrezzi, le sculture – per cucinare e per scaldarsi. Oggi il bosco è diventato spavaldo e sta riprendendo i suoi spazi, ma quando ero giovane gli unici alberi che vedevi in piedi erano quelli che servivano a qualcosa, per lo meno a fare ombra. Come i frassini vicino alla casa di mio nonno materno, Victor – Vittorio Luigi Courthoud. Nonno Vittorio era originario di Melignon, un villaggio di poche case aggrappato al versante sulla sinistra orografica, cinque chilometri a valle di Rhêmes. Conservo una sua foto con i gradi sulla divisa da guardiacaccia del re. Sapeva fare delle cose belle con le mani: piccoli oggetti, scatole portagioie, ma anche scalpelli. Al Pechoud ci sono le sue iniziali vicino a quelle del fratello Bernard Venance Courthoud incise sopra una panca di legno, il tavolo lì vicino l'ho fatto io e ci ho inciso le mie, di iniziali.

Nonno Vittorio è nato nel 1868, cento anni esatti prima di mio figlio Silvio, ma è morto giovane. Un giorno, aveva cinquantadue anni, ha detto a sua moglie e ai suoi figli: «Guardate quei frassini, cominciano a mettere le foglie. Quando le perderanno io vi lascio». Era una bella giornata di primavera, il nonno era in salute e non beveva, per questo gli altri in famiglia si sono messi a ridere e così *bon*, si son bell'e dimenticati di tutta la faccenda. Passano i mesi e viene una notte ventosa d'autunno: al mattino le foglie dei frassini erano a terra. Il frassino è un albero debole, le foglie si staccano per niente, è già strano che sia cresciuto lì a Melignon. Allora il nonno si è lavato, si è fatto la barba, ha chiesto i vestiti buoni alla nonna, che ha brontolato un po' – «Ma perché vuoi i vestiti della festa?» –, però alla fine glieli ha dati. Si è vestito di tutto punto, ha mangiato mezza patata lessa e un piccolo pezzo di formaggio e si è appisolato sul balcone con la pipa: di solito stava lì quei venti minuti. Mia mamma era la più piccola e una delle sorelle le ha detto: «Tina, oggi son poi cadute le foglie», e rideva. Ma quando sono andate dal nonno, il nonno era via.

Oggi se ne sono andati tutti: restano i miei fratelli Pierino e Vittorio e le loro famiglie, ma nessuno di loro vive tutto l'anno a Rhêmes, si sono spostati a valle. D'inverno siamo io, Nathalie, i tre monaci della parrocchia della Visitazione; nel periodo natalizio di più: gli albergatori e i turisti. Nostro figlio è sposato e vive distante da molti anni.

Il giorno che si alzerà il vento destinato alle mie foglie e sarà l'ora di andare, avrò l'unica preoccupazione della legna che non sarò riuscito a tagliare in tempo, dei lavori lasciati a metà e su tutto il pensiero di Nathalie sola e di Silvio lontano. Ma io sono come gli stambecchi: quando sentono un colpo di fucile e vedono cadere un compagno stanno immobili per un pezzo. Sono così lenti, che ci vogliono due o tre colpi per fargli capire il pericolo – solo allora scappano. Io non ho né fretta né paura. E mi muovo con cautela sulle cenge della mia età per non fare passi falsi.

Quando sarà il momento, quando il colpo che sentirò fischiare sarà quello per me, lascerò alle spalle quei pochi che chiamo famiglia, la casa che ci appartiene da molte generazioni, qualche racconto e tutti i segni che ho lasciato impressi nella valle: il bivacco di Goletta, l'altare in legno di una piccola cappella, la nicchia della madonnina al Pellaud, un san Marco col leone a Pian Folliez, qualche fioriera, il tavolo al Pechoud con incise le mie iniziali. E un mucchio di attrezzi validi e forse più nessuna mano che li vorrà adoperare per aggiustare o sostituire, per modellare il legno e lasciare la propria firma su un oggetto fatto per resistere al tempo, proprio accanto alla mia.

Capitolo 2
Per quelli non c'è uno stemma
mestieri

Nathalie e io ci siamo sposati nel 1964 e ci conosciamo da sempre. Quando eravamo giovani Rhêmes era abitata come un formicaio, ma era comunque un piccolo formicaio dove tutti si conoscevano e dove la vita era così dura che per un bambino era quasi più semplice morire che diventare adulto. Nathalie è qua perché è proprio vero che se non hai da andartene può succedere di tutto e ti salvi lo stesso.

Nell'inverno del 1951-1952 era scesa una quantità enorme di neve. Valanghe ovunque, anche nei posti che tutti credevano tranquilli. Tranquilli un cavolo. Era il 28 febbraio, Nathalie aveva tredici anni e un'appendicite in peritonite: quando hanno visto che era quasi in coma hanno deciso di portarla giù, rischiando la vita in quattordici. Ci sono volute sei ore solo per arrivare da Melignon a Rhêmes-Saint-Georges. Da lì han caricato Nathalie sopra una slitta trainata dal cavallo di Anselmet di Artalle fino al bivio sulla strada statale, e da quel punto con un taxi è arrivata a Aosta. Di tutto il viaggio, Nathalie ricorda solo quando a Saint-Pierre ha chiesto alla zia di toglierle la fascia da neonati che avevano usato per tenerla ferma sulla slitta: «Fa' il piacere: levamela se no io scoppio». Arrivati all'ospedale, il primario l'ha guardata e ha detto: «Riportatela pure a casa, tanto è già morta». Ma il papà di Nathalie ha firmato che era d'accordo a procedere con l'operazione, anche se era un caso disperato. Non l'hanno nemmeno ricucita dopo, tanto nessuno pensava sul serio che ce l'avrebbe fatta. Le è poi rimasto sulla pancia un buco grosso così che si è saldato da sé.

Il papà di Nathalie è stato vicino al letto quaranta giorni e quaranta notti perché il dottore gli aveva detto: «È così debole che se le dispiace che tu vai via, può bastare per farla morire». Dopo quaranta giorni aveva ancora quaranta di febbre. Del periodo all'ospedale Nathalie ricorda solo una suora: «Sai dire l'*Angelo di Dio*?» le aveva chiesto. Nathalie aveva fatto segno di sì con la testa perché non riusciva nemmeno a parlare. Allora la suora pregava al posto suo.

Ci sono voluti quattro mesi, una polmonite, una pleurite, la flebite e tutti i diavoli possibili prima di tornare a casa, il 15 giugno. Nathalie non riusciva nemmeno più a camminare. La prima volta che ha avuto davanti uno specchio, ci ha visto dentro una bambina magrissima con la gobba e un golf che cadeva tutto da una parte e si è messa a piangere. Ma poi è passato anche quello: ancora oggi Nathalie sembra fragile, ma non è mica vero. Altrimenti non ce l'avrebbe fatta quando la mamma è morta che lei aveva sedici anni, lasciandole la casa e i fratelli da guardare e una sorella con la poliomielite. Anche adesso, che di anni ne ha quasi ottanta e continua a badare alla sorella inferma, di lei qualcuno dice che ha la forza e il portamento di una regina – e *ben*, chi dice così non ha poi torto.

Io di anni ne ho ottantacinque e so fare tutto e niente. Ho cominciato a lavorare quando ho smesso la quinta elementare, a undici. Per prima cosa son stato dietro al vecchio mulo di papà, poi ho fatto il bracconiere, il contrabbandiere, il manovale, il pastore di manze, il cacciatore di corna di stambecco, il boscaiolo, il guardiapesca, il guardiaparco e il guardiacaccia. Quarantanove anni dopo sono andato in pensione, ma di lavorare devo ancora finire adesso. Le mie mani sanno ancora chiedere al bosco la legna che serve a scaldarsi, ricavarne qualche oggetto utile per la casa e sculture buone per farla bella. Ma i lavori di precisione mi fanno perdere la pazienza: riesco *ben* ancora a molare la lama della motosega, però a maneggiare gli oggetti piccoli la vista si affatica e mi innervosisco in fretta.

Ai tempi della scuola, finite le lezioni avevamo sempre gli sci ai piedi: scendevamo dietro alle case degli Oreiller finché veniva buio, dei ruzzoloni a non finire. La scuola era qui in paese, dove c'è il municipio adesso: il sindaco stava sotto, la scuola sopra. Una settimana per uno portavamo la legna che serviva per scaldare la classe e per riempire la stufa della maestra unica, che viveva fissa a Rhêmes in un piccolo alloggio fino a Pasqua. Il sabato era fascista: alle bambine insegnavano a fare i pizzi, ai maschi a segare la legna e a portarla su – tanto per cambiare.

Mi ricordo che andavamo con quegli zoccoli di legno: c'era neve e ti riempivi i piedi – tutte le sere avevi le calze bagnate. In casa dormivamo in una stanza che tre quarti era legno e quando faceva tormenta la neve entrava dalle fessure, si infilava sotto la paglia di segale che usavamo per dormire. Eravamo tutti vicini – guai a sfiorarci che ci picchiavamo. Faceva un freddo... E poi, alla mattina, mettitele te le calze che erano gelate. Allora mio fratello Enrico andava dalla mamma nella stalla: «Dammi un altro paio di calze, che queste sono gelate». «No, adesso ti metti lì davanti alla stufa finché non sgelano – così impari». Già che poi smettevi di bagnarti i piedi e imparavi anche a volare sulla neve, pur di non bagnarti.

Eravamo ventiquattro bambini dalla prima alla quinta, ma dalla terza in poi per fare gli esami dovevi andare a piedi fino a Rhêmes-Saint-Georges e le medie erano solo a Aosta. All'inizio abbiamo avuto delle maestre sussidiarie pagate dal Comune: cattive, madonna – picchiavano come fabbri. Se ti beccavano che contavi con le dita dietro la schiena – e me mi beccavano sempre – *badàm*: bacchettate sulle dita da star secchi. In quarta è venuta la Antonietta Pellissier, che aveva il diploma dello Stato. Finita la quinta, mi ha preso ancora per due mesi: mi insegnava le frazioni. «Sei un delinquente» diceva alla fine della lezione, mentre uscivo dalla porta. «L'anno scorso eri un somaro, quest'anno impari: bastardo!» Persino quando ti faceva i complimenti mollava di quelle sberle. Sì, perché noi eravamo tutti delle *testasse*.

È stato in tempo di guerra che ho iniziato la carriera di bracconiere. In quel periodo papà non c'era, lo avevano mandato in Sardegna coi Vigili del Fuoco, i partigiani ci avevano portato via la mucca e non avevamo nemmeno più il latte. Enrico era malato, l'altro fratello era già morto, io avevo nove anni e andavo a mettere le tagliole quando nevicava. Sistemavo un rametto in modo che poi riuscivo a vedere anche da lontano se la faina restava presa: se il rametto cadeva, voleva dire che la tagliola era scattata. Così ogni mattina, prima di andare a scuola, mettevo gli sci ai piedi e andavo lungo il torrente a controllare le trappole sull'altra sponda, con dietro Jacquod della guardia venatoria: «Prima o poi ti becco!» Era un uomo tremendo, faceva paura. Siccome era molto stempiato, i giovani per fargli torto quando era ubriaco gli spegnevano le sigarette in testa: era diventata un portacicche tutto bruciato. Ne aveva ammazzati due: uno qua all'inizio della guerra, pieno di soldi, uno a Roma, per prendergli cinquecento lire. Era sua figlia a raccontarlo. I parenti di Jacquod – papà, mamma, fratelli, sorelle – erano morti di spagnola. Lui balbuziava: «V-v-v-v-v-v-vedi, il più delinquente di tutti è ancora qui».

Le faine le portavo a Luisa, che aveva il negozio di tabacchino a Villeneuve e trafficava in pelli. Ero un *bociassa* di dieci anni e le avevo portato due faine, anzi: una faina e una martora, dentro un sacco di tela juta. Le avevo vuotate e riempite di paglia: era la cugina di mia mamma che mi aveva insegnato. Cominciava ad aprirle dalla bocca e gli animali si rovesciavano: il difficile con il coltello era la coda, quando finisce l'osso e diventa sottile.

Luisa le guarda e dice: «Non posso darti più di ventimila lire per tutte e due». Era già tantissimo, però lo zio mi aveva detto di non darle per meno di venticinquemila lire, se no piuttosto sarebbe andato poi lui a Aosta a venderle a uno che veniva su apposta da Ivrea. «Questa qui non ha più punta» mi ha detto Luisa, indicando la faina.

E io non capivo di che punta parlasse. Allora è uscita fuori per la via: non c'era quasi nessuno, poca gente che passava, qualche carro. Ha guardato un po' giù e un po' su, poi ha alzato appena la gonna e ha dato due colpi con gli animali contro la gamba e mi ha detto: «Guarda qua: la faina ne ha ancora poca di punta, la martora un po' di più. La faina viene in amore prima e adesso siamo già a febbraio». Io continuavo a non capirci niente di queste punte che non c'erano più – e poi cosa c'entra l'amore col pelo? Luisa mi ha spiegato: all'inizio della stagione degli amori, le femmine non sono ancora recettive, allora i maschi cominciano tra di loro e si logorano la punta del pelo, quella che sembra argento. La pelliccia così vale un po' meno. Che ne sapevo io. Mi aveva offerto ventunmila lire, ma io sono andato via dicendo che avrei portato le pellicce a Aosta. Mi ha lasciato arrivare in fondo alla via, poi mi ha chiamato indietro: «Te ne do ventidue». «E va *ben*». Ho accettato, era un buon affare – mica sapeva che a Aosta ci sarebbe andato lo zio. Con Luisa siamo poi diventati amici: a dieci anni fumavo già, e quando andavo a comprare le sigarette, tante volte mi dava delle cartine e non me le faceva pagare.

Anche uccidere i camosci nella riserva e nel Parco oppure fuori dal periodo venatorio era reato, ma quello non l'ho mai fatto per soldi: ci sono stati momenti che se in famiglia avevamo un po' di farina di frumento era solo perché lo cambiavamo con un pezzo di camoscio. Una volta ero con papà a tagliare cembri da vendere nel vallone del Sort: papà era appena tornato dalla Sardegna, giusto prima che bombardassero Cagliari, io non avevo ancora undici anni e mancava poco a Natale. Nel ritorno c'era una quantità di neve che andavi dentro fino alla vita – altro che adesso, *neh*. Gli sci erano quelli che erano: senza pelli, senza lamine, gli attacchi vecchissimi. Dopo qualche centinaio di metri di discesa vediamo pieno di camosci sotto di noi. «Ti lascio tutto e ci provo» dico a papà. «Va bene, ma stai attento». I camosci cercavano di scappare verso l'alto mentre io mi avvicinavo, ma la neve impacciava persino loro: quando si vedono persi, allora si buttano verso il basso. Io ne aggancio uno per la gamba e giù tutti e due – rotoloni lungo il pendio. Poi è arrivato papà e lo abbiamo finito: due delinquenti, eravamo. «Apri la gola» gli faccio. «Ma sei matto? Qua se passano le guardie vedono il sangue e si accorgono. Adesso aspetta: io tappo il naso e tu gli giri la testa, che sei più forte». Io ero solo un *bociassa*, ma ho fatto come mi ha detto papà e il camoscio è stato secco senza macchiare di sangue la neve. Quell'inverno lì ne ho poi presi altri tre in quel modo, ad armi pari: eravamo bastardi, sì, ma leali.

La carne papà non la metteva in salamoia: mangiavamo tutte le interiora – il fegato è la cosa più buona del camoscio – e poi i quattro quarti li metteva nel fienile. Gelavano subito: quando volevi un pezzettino di carne prendevi il seghetto e facevi il brodo.

Il primo inverno dopo la scuola spaccavo già legna per qualcuno, il terzo anno – ne avevo tredici – ho cominciato con il contrabbando. Il primo viaggio in Francia l'ho fatto nel 1948, d'inverno. Era anche la prima volta in vita mia che vedevo dei soldi per un lavoro: ci han pagato quattordicimila lire nette il riso che abbiamo portato. Li ho visti i soldi, *neh*, ma solo per un momento: poi li ha presi papà. Eravamo divisi in squadre. Portavamo in Francia il riso e indietro pelli di mucca non conciate: il peso equivaleva – quattordici chili di riso contro quattordici chili di pezza di manzotto. In tutte le stagioni ci incontravamo nei villaggi per fare scambio di merce a Fournay, Tignes, Val d'Isère. Lì c'erano poi gli intermediari a trattare le pelli, che andavano a finire alla Montecatini per il cuoio, con gli scarti facevano già del concime.

Le squadre erano diverse, ma ci conoscevamo tutti. Ogni squadra era in numero variabile, da sei a quindici. D'inverno si faceva il Colle di Rhêmes, in estate passavamo per i colli della Goletta, della Tsanteleina, della Baietta: lì era una seraccata unica e noi non avevamo niente per attraversare i ghiacciai, nemmeno i ramponi. Dove oggi in luglio ci sono solo rocce nude e pietraie, cinquant'anni fa iniziavano la neve e il ghiaccio: attraversavamo sotto le pareti della Granta Parey, della Calabre, della Tsanteleina. Carovane di puntini neri carichi come somari, con le scarpe chiodate se andava bene e uno strato sottile di neve che bastava giusto a nascondere i crepacci perché ci cascassimo dentro: *deh*, ci salvava solo che eravamo atletici per necessità e che la confidenza con la montagna l'avevamo succhiata col latte, altrimenti non ne rimaneva intero uno di noi.

Mica solo coi crepacci, anche con i temporali in quota non si scherzava: una volta a Barmaverain, all'inizio del vallone che sale al rifugio Benevolo, sentivamo delle sventole a non finire – *zazazazàn* – tutto vibrava per i fulmini, noi piatti per terra ad aspettare che finisse. Il temporale in quota è rumore, acqua, gelo, luce e buio che il cielo rovescia tutti in una volta: la voce dei tuoni è come un urlo, i fulmini colpiscono così vicini che ti dimentichi di respirare, gli oggetti di metallo fanno scintille e li butti via lontano – sperando che sia abbastanza lontano –, i torrenti si gonfiano, i guadi in pochi minuti diventano impraticabili, le rocce delle creste, scalzate dalla violenza dell'acqua, rovinano a valle facendo il controcanto ai tuoni. Non ho ancora trovato nessun libro che spieghi per bene che cos'è che bisogna fare durante un temporale per non rischiare la pelle – secondo me l'unica cosa davvero giusta è evitare di trovarsi in mezzo a quell'inferno.

Dall'altra parte dei colli ci aspettavano *douaniers* e *gendarmes*: non è che ci sparassero addosso – miravano in aria – ma se ti prendevano erano dolori lo stesso. Come minimo ti confiscavano il carico, ma poi c'erano anche la multa e il fermo in caserma, un bel guaio. Elso Thérisod, uno di Proussaz originario del Pellaud con cui ho fatto tante gare di sci, si è buttato nell'Isère per scappare all'arresto. Ha attraversato il fiume e si è messo in salvo sull'altra sponda, dove c'era un orrido: sì, *ben*, ha perso il riso – ma mica son riusciti a prenderlo! Quello lì ha cominciato a fare il contrabbando a dieci anni. Poi, da più grande, faceva tre viaggi a settimana con quaranta chili sulla schiena, quindici ore da Rhêmes fra andare e tornare.

Con la nebbia, sul ghiacciaio, ti perdevi subito, ma non se avevi in squadra Sisto Barmaverain: era formidabile, è stato il mio vero maestro di bracconaggio. Una volta che non era lui davanti, ci siam messi a girare in tondo sul ghiacciaio della Granta Parey. Sembrava di camminare immersi nell'orzata: un bianco opaco senza punti di riferimento che dava la nausea. Ti accorgevi di stare pestando i tuoi passi solo quando tornavi sulle tue impronte, e allora ti prendevano un po' la rabbia, un po' la stanchezza, un po' la preoccupazione. A un certo punto quel giorno Sisto ne ha avuto abbastanza: «Adesso basta! Vado io dove c'è la lapide di San Bernardo». Ha preso una direzione e l'ha seguita: siamo arrivati. Come faceva, non lo so. Forse sentiva l'odore: e dire che anche lui beveva, non era un ubriacone, *neh*, ma beveva.

Sisto era del 1925, faceva il muratore e aveva sempre sete – di vino. Portavamo tutti e due una *gourde*, una borraccia di pelle di capra di quelle che bevi alla *rigolade*, senza toccare l'imboccatura con le labbra. Ciascuno portava la sua, ma qualche volta era solo lui a svuotarle entrambe. Oggi c'è ancora suo nipote a Rhêmes-Saint-Georges: la faccia non è quella del nonno, ma fuma anche lui con la mano destra sul cuore sotto la giacchetta e nell'altra la cicca accesa. È quando lo vedo camminare che, *deh*, mi sembra di rivedere Sisto: allora mi viene da alzarmi e da andargli dietro a caccia di camosci.

Sisto non c'era quella volta che mi si è congelato il pollice: era nero come il carbone, me lo ha salvato papà. Era il mio primo viaggio, all'inizio di febbraio. Avevamo delle specie di sci: assi di legno senza pelli di foca che non andavano né avanti né indietro e ramoscelli di nocciolo come racchette. Guanti non ne ce n'era, addosso portavo pantaloni di velluto e maglie di lana grezza filata e lavorata da mia mamma, ai piedi scarpe di cuoio riciclato da un vecchio scarpone, con la suola di legno chiodata. Al

Colle di Rhêmes era gelata anche la grappa, ma tanto le dita erano così gonfie che non si potevano mica adoperare per svitare il tappo, che comunque non sarebbe mai venuto via perché bloccato dal ghiaccio. Il termometro giù a Chanavey segnava –28°C, lassù ci saranno stati –30°C. Eravamo in tre *bociassa*, due avevano un anno più di me: adesso sono già via entrambi. Gli altri del gruppo, più grandi, quando è stato il momento di scendere non ci han detto niente: li vedevamo che mettevano dei pezzi di giornale nei pantaloni, ma non capivamo. Poi giù veloci, perché faceva un freddo boia. Arrivati a Saint-Charles dovevamo fare la pipì e ci siamo fermati. L'abbiamo anche fatta, ma tutta nei pantaloni: non trovavi più niente. Ce n'era uno che bestemmiava forte. Arrivati a casa, papà ha visto subito in che stato che ero. Anche se protestavo perché avevo fame non mi ha lasciato mangiare, ma mi ha fatto mettere subito il pollice nella cacca tiepida di una mucca. Ho aspettato un po', poi mi ha fatto lavare con dell'acqua tiepida. La notte non ho dormito dal male che mi faceva il dito. Il giorno dopo di nuovo il pollice nella cacca. Andava meglio, non mi sono più lamentato. E lì ho anche potuto mangiare, finalmente. Se avessi mangiato subito, sarei stato perso: è così, mangiando, che ho visto poi morire un altro contrabbandiere. Appena arrivato dal viaggio ha messo pane di segala e fontina nel minestrone – il mangiare solito dei valdostani. Poi è andato a dormire e non si è più svegliato. Questa è la storia del mio primo viaggio da contrabbandiere: al secondo viaggio ho comprato le pelli di foca.

Da più grande, ho cominciato a lavorare nelle imprese

edili e stradali come manovale e negli alpeggi come garzone. Qualche volta davo una mano in famiglia. In Valsavaranche vivevano due prozii da parte di mamma che di cognome facevano Dayné. Quando erano già in là con gli anni, durante l'inverno andavo una settimana da loro a portargli via il letame. Erano scapoli e vivevano da soli con tre mucche. Si facevano tutto loro, cucina, bucato e persino i maglioni e le calze di lana: non proprio dei pezzi da boutique, ma tenevano caldo. Tutte le sere prima di dormire rompevano in metà un pacchetto di trinciato e se lo mettevano in bocca: e non sputavano mica, mandavano giù – non so che frantoio avessero nella pancia. Fumavano da quando avevano undici anni e il davanti della camicia era sempre bruciato, rosso di tabacco. Dei due fratelli, uno era dritto e andava a messa e l'altro no. A sentirli parlare c'era da tenersi la pancia dal ridere, con quel *patois* già diverso, così strano. Per loro il prete è *lo pri*, non *lo frozo*. Quando il *frozo* delle loro parti, che era famoso per aver lasciato tanti figli in valle, si è presentato per confessarli, lo zio storto ha preso il forcone e si è offerto di impartire il sacramento al parroco: «Vieni che ti confesso a buchi nella pancia!»

Il meno burbero dei due zii si chiamava Enrico, era un famoso portatore: lui non ammazzava, prendeva i camosci e gli stambecchi abbattuti dai bracconieri e li lasciava in certi posti concordati, lontani dalle case, in cambio di un po' di carne o qualche soldo. Coi suoi zoccoli di legno ai piedi – delle ciabatte chiodate – passava carico e al buio dove gli altri non riuscivano a passare di giorno scarichi. Una roba da far venire la pelle d'oca. Una volta i suoi compaesani, che lo conoscevano bene, lo hanno convinto a sfidare a piedi il campione valdostano di sci di fondo. Enrico aveva sessantacinque anni e l'altro venti, in gioco c'era un barilotto da cinquanta litri di vino. «*Deh*, ci provo». Sono partiti da Degioz, poi Pont, Croix de la Roley, Piani del Nivolet, Lago Nero, Le Meyes, le Mento, giù al Lago di Djouan, Créton e di nuovo Degioz. Lo zio gli ha dato un'ora e un quarto al campione, ma il barilotto non l'ha mai visto, nemmeno vuoto – «Almeno mi avessero regalato un pugno di tabacco».

Siamo podisti di famiglia: in primavera mi facevo certe sgambate in Val d'Isère a portare delle zainate di corna di stambecchi a un hotel che le pagava bene. Con dieci paia di corna facevano un lampadario. Non era un lavoro difficile, se sapevi dove trovarle: con il disgelo dalle slavine affioravano gli animali travolti. Bastava sfilare le corna e andarsene via veloci con quel carico leggero ma ingombrante e soprattutto proibito: era vietato raccogliere i trofei di stambecco e dovevo muovermi al buio di notte, per non farmi vedere.

Da manovale, ho lavorato per l'impresario Ugo Sogno, quello che ha costruito le strade di tutta la Val d'Aosta. La giornata era di dieci ore, ma se bisognava finire una gettata ne facevamo anche dodici, tredici, quattordici. Impastavamo tutto a mano: neanche una piccola betoniera. L'impresa aveva due camion, dei Chevrolet che venivano chissà da dove, non ribaltabili: così anche per caricare e scaricare si faceva tutto a mano. Gru non ce n'erano: c'era Roberto Martìn. Si metteva giù, con le mani sulle scarpe, noi in quattro gli appoggiavamo delle pietre enormi sulla schiena e lui si alzava fino a rovesciare la pietra nel cassone. I bergamaschi lo amavano, gli facevano il tifo: «Dai bitta, dai bitta!» La maglia sulla schiena era fatta di brandelli di stoffa, graffi e sangue.

La strada asfaltata che da Introd porta a Rhêmes masticando curve e dislivello è giovane: l'ho vista nascere e coprirsi d'asfalto e di paravalanghe – gli ultimi li hanno finiti mica tanto tempo fa. Le gallerie più lunghe portano inciso sul frontone l'anno in cui sono state inaugurate: c'è dell'orgoglio nel costruire le cose fatte per durare e per servire persone che non conoscerai mai. Il ponte del Carrè, una frazione di quattro case incastrate in un gomito della strada a valle di Rhêmes, ha dei travi in cemento di un metro per quaranta di larghezza: li abbiamo armati tutti in un giorno. Quella volta lì abbiamo iniziato a gettare alle tre del mattino e abbiamo finito alle undici di sera. Eravamo una settantina a lavorare e solo in quattro a portare il cemento a spalle dalla baracca per quasi cento metri: Berger, Gigi il Bergamasco, Roberto Martìn e io. Io e Berger abbiamo resistito fino a mezzogiorno – centocinquanta chili a viaggio – poi siamo andati a girare il cemento: tre volte a secco, tre volte bagnato – quindi lo caricavi nella carretta e facevi la gettata tutta in una volta. Gigi e Martìn hanno tenuto duro fino all'ultimo, facendo viaggi da due quintali per volta: si incrociavano e si guardavano, strabici tutti e due che non c'era una pupilla che facesse il paio con l'altra. Una fatica che il giorno dopo non ti trovavi nemmeno più la coda, ma *deh*, son venuti dei signori ponti: nemmeno con l'alluvione hanno mollato, né quello del Carrè né quello di Melignon – la Dora gli è passata sopra, ha provato a scavargli intorno, ma loro hanno tenuto.

Sempre con la ditta di Sogno, ho lavorato anche in tre alpeggi sopra Saint-Pierre, per andare al Mont Fallère. Anche lì i travi li abbiamo portati tutti a spalle. Eravamo in due: il solito Sisto Barmaverain e io. Il lunedì andavamo fino a Vetan con le nostre motorette – io avevo una Lambretta e lui una Iso – bevevamo un caffè poi via a piedi fino al cantiere. Le moto le lasciavamo ferme in un fienile per tutta la settimana. Ferme: sì, *ben* – questo è quello che credevamo noi. Quando al sabato pomeriggio tornavamo a prenderle, benzina non ce n'era più: c'era questa maledetta Elide, una peste infernale di ragazzina, che girava tutta la settimana con le nostre moto finché non finiva il carburante. Poi le rimetteva dove le aveva trovate. Precise, eh. Allora giù a motore spento fino a Saint-Pierre. Il lunedì ripartivamo da Rhêmes alle quattro del mattino perché alle sette dovevi già essere sul lavoro: tra scendere a Saint-Pierre, salire a Vetan e camminare per tre quarti d'ora ce ne voleva di tempo... Durante la settimana dormivamo per terra in una cantina finché non abbiamo sistemato sul pavimento dei piccoli pannelli di legno. Era già meglio, anche se di sicuro non avevamo il problema di prendere sonno: alla sera tempo di coricarti e ti eri già addormentato. Il mattino ti svegliavi, ti lavavi la faccia e le mani nel torrente – il resto, pazienza – e al lavoro fino a mezzogiorno. A pranzo c'era la farina da polenta che portava il padrone, alla sera ci facevamo una minestra.

Era una vita dura se eri solo un manovale, perché poi venivi anche maltrattato dai muratori. Una volta stavamo finendo una mansarda e un muratore si è arrabbiato con me perché il cemento con la sabbia non gli andava bene, ma era uguale a come lo portavo agli altri e nessuno si lamentava. Me ne ha dette di tutti i colori e un bel momento non ci ho più visto: gli ho vuotato il secchio in testa. A momenti cade giù dal ponteggio, è dovuto scendere perché gli occhi gli bruciavano e non riusciva a tenerli aperti per via della calce – *ben*, lì aveva esagerato.

Sul cantiere a Champlong ho messo male il piede sopra una tavola a sbalzo ed è stato il mio turno di volare da un ponteggio di cinque metri: mi è venuta un'asse sulla testa che mi ha fatto un brutto squarcio. Sono poi andato da una famiglia a farmi medicare, mi han messo dell'alcol, mi han tagliato un po' i capelli: una cosa così vuol dire *sveglia baucchi!*, apri gli occhi che se no ti ammazzi.

Nelle imprese di costruzioni ti massacravano: mica per altro a diciotto anni mi sono dovuto far operare di ernia. Me la sono fatta uscire a Lavassey, sotto il rifugio Benevolo, quando abbiamo disfatto il tetto con Enrico e Aldo: una di quelle lastre grosse come un tavolo mi è finita sul bacino – mio fratello e mio cugino mi hanno salvato in tempo le gambe, se no partivano tutt'e due, ma l'ernia era già bell'e uscita. Di buono nel settore dell'edilizia c'era solo che pagavano bene e contanti. Poi quell'impresario è stato bravo: non pensavo, ma le marche me le ha messe proprio tutte.

Ci sono anche lavori peggiori. Ho conosciuto un minatore di Fenis, reduce dalla miniera di Marcinelle in Belgio, dove ne sono morti tanti bruciati. Un bellissimo uomo, però uscito fuori di testa: parlava sempre e diceva sempre le stesse parole. Aveva avuto una bambina con una ragazza di lassù, ma dopo l'incidente del 1956 lui l'hanno rimpatriato e loro sono rimaste lontane. Lo incontravi in un bar di Septumian: beveva solo caffè. Tu gli dicevi: «Buongiorno», lui «*Ma petite Loulou*», «Come va?» «*Ma petite Loulou*», «Arrivederci» «*Ma petite Loulou*». A una certa ora veniva sua mamma, lo prendeva per un braccio e lui – finalmente zitto – la seguiva in silenzio. Non è morto nell'incidente, ma nemmeno si è salvato.

Ho fatto tante cose senza che fosse un mestiere. Per una vita ho scolpito e intagliato il legno, costruito mobili e pezzi di case – ma non ho mai fatto il falegname: chiamami boscaiolo, se vuoi. Ancora adesso se c'è da tirare giù una pianta e far legna da bruciare o assi per costruire, è un lavoro che conosco e che so fare bene. Sono stati dei legnaioli bergamaschi a insegnarmi a far legna: li ho conosciuti l'anno che sono venuti a tagliare più di cento metri cubi di legna da costruzione sopra la cascata dell'Entrelor. Erano quattro, tutti parenti, si spostavano sulle Alpi seguendo il lavoro e non si risparmiavano: riposavano solo la domenica – al mattino li vedevi in ginocchio alla messa col vestito della festa e di pomeriggio a lavare i panni sporchi della settimana. Avevano un sistema speciale per far scivolare i tronchi uno sull'altro senza farli ruzzolare da tutte le parti che era una meraviglia. Con loro lavoravo a giornata adoperando la mia scure. Ogni tanto sento il più vecchio che mi grida: «Carne!» Io imperterrito, con la mia scure, a testa bassa continuo a fare del mio meglio e non capisco cosa diavolo vuole. Un giorno alla fine si decide a prendermi da parte e mi spiega – calmo, senza arrabbiarsi, senza sgridare, mai una parola più forte: «Dai un po' qua la scure: ecco, lo sapevo. La tua accetta ha solo guance: è convessa, per questo oltre alla corteccia, che è la pelle, porti via troppa carne dal legno!» E lì mi ha insegnato a fare il filo all'accetta alla moda dei bergamaschi, tutto al contrario: dal basso verso l'alto – come faccio ancora adesso. Ho poi ben imparato a lasciar stare la carne degli alberi.

Un inverno sono andato a tagliare legna da costruzione a Rhêmes-Saint-Georges. Per dormire c'era una stanzetta di legno, in una specie di piccolo chalet senza stufa: così al mattino scarpe e vestiti li trovavo tutti gelati. Lì vicino abitava Ernestina – *Tìn* – una vecchia che al mattino presto aveva già il fuoco acceso nella stalla: andavo da lei a scongelarmi prima di iniziare a lavorare. Avevamo tutti le mani spappolate, allora mettevamo la resina sulle ferite: e te lavati, dopo, se sei capace. Resina o non resina, dopo cinque minuti il manico della scure era comunque rosso di sangue. E la polenta di mezzogiorno finiva ancora prima che il fumo raggiungesse le cime degli alberi.

Ho anche accompagnato in montagna tante persone, ma sempre come amico – mai come guida. Partecipare ho partecipato alla preselezione per diventare guida alpina, ma lasciamo stare: alla prova su roccia mi hanno dato un cordino doppio con un moschettone e un quintale di uomo da tirare su. «Aiutati un po', no?» gli ho detto. L'altro mi ha insultato. Allora ho sganciato il moschettone, l'ho mollato lì dov'era e sono partito in orizzontale, attraversando la parete. Sotto c'era una guida di quelle brave, che ha assistito a tutta la scena. L'altro, il direttore del corso, mi ha urlato che potevo fare a meno di partecipare, tanto ero già bocciato. «Non me ne frega niente, vivo lo stesso!» gli ho risposto. Loro sono poi scesi, io invece ho continuato a salire, sono passato sull'altro versante e sono arrivato a valle per primo.

Mi è poi ben arrivata lo stesso la lettera di convocazione, ma non mi sono presentato. Alcune settimane dopo ho incontrato la guida alpina Giulio Urlaz, quella che aveva visto tutto: «Perché non sei venuto al corso? Mi è dispiaciuto non vederti. Darai mica retta al direttore? Quello è scemo» mi ha detto. «Sai che mi hai fatto paura alla selezione? Quando ti ho visto partire così in libera su quella placca non respiravo più. 'Non può passare di lì' pensavo. Poi ho visto che hai messo la guancia contro la roccia, che l'accarezzavi con la barba, come una bella donna. Anche di più – con più passione. E lì è un bel segno, ho capito che ce l'avresti fatta. Non so ancora adesso come, però: mai visto andare via qualcuno in quelle condizioni».

Neanche io lo sapevo, come ci ero riuscito. Potevo ben entrare nelle guide alpine, Giulio me lo ha ripetuto che, anche se non era lui il direttore, avevo solo che da dirglielo se cambiavo idea. Ma sarei stato di nuovo sotto a quello là e io, testone come sono, sarei durato poco a chinare il capo e dire di sì.

Anche come soccorritore ho fatto tanto senza aver lavorato. Il primo intervento è stato nel 1952. Una ragazza appena laureata: la famiglia aveva pagato il soggiorno a Rhêmes a lei e a una sua amica. Avevano le pedule, ma hanno deciso di tagliare sotto al Col Fenêtre, lei è scivolata ed è andata giù trecento metri. C'è ancora la croce, sopra Chanavey. Il recupero di quella ragazza lì mi ha impressionato, era tutta disfatta: l'osso del femore era entrato nella pancia e la parte sinistra della faccia era tutta in dentro. L'infermiera ha dovuto ricomporla con l'ovatta. Lì capisci davvero che ci potresti essere tu al posto del cadavere, che una distrazione può cambiare da un momento all'altro una cosa viva, calda e con tanto futuro davanti in un sacco di pelle senza domani ai piedi di una parete. La montagna ci ricorda che siamo tutti commestibili: non fa preferenze, ma apprezza l'esperienza e l'accortezza.

Qualche volta nemmeno quelle bastano, se poi è la generosità che ti frega. Sulla Granta Parey è morta la guida Oscarino: si è sacrificato per salvare gli altri. Lui era con un suo cliente, ma ha visto che c'erano due persone in difficoltà sul ghiacciaio e gli ha detto di attaccarsi alla sua corda. Uno dei due è caduto: Oscarino ha cercato di tenere, ma dal colpo che ha dato si è spezzato il manico della piccozza. Son venuti giù tutti, un groviglio di corde, carne e ferro appuntito. Quando siamo saliti con il soccorso, appena l'ho visto ho detto «Ciao, Oscarino»: aveva il cervello che usciva dal cranio. È rimasto parecchi giorni in rianimazione, ma era già morto sul ghiacciaio. Gli altri tre si sono salvati, ma ormai sono tutti via.

Qualche volta, poi, semplicemente chi muore resta dov'è. Intero o in parte, la montagna lo nasconde e se lo tiene finché nessuno potrebbe distinguere quello che è stato un uomo da ciò che è diventato polvere, sasso, più niente. Una volta abbiamo fatto un recupero nel mese di giugno, sempre sulla Granta: due francesi che avevano lasciato gli sci alla base dell'ultimo tratto ripido ed erano appena arrivati in vetta. Sulla cîma c'era una cornice di neve di sette-otto metri di spessore. Uno fa la foto all'altro: «Vai un po' più indietro, così, ancora un po'» e – *fiiiuuu* – è venuta giù la cornice. Lo abbiamo tirato su con le corde di metallo per quattrocento e più metri, con due argani. La testa l'ho cercata là sotto, ma c'era solo un pezzo del teschio, il resto non si sa dove sia andato a finire. Ma si sa che fine ha fatto: adesso è parte della morena.

Sui piccoli ghiacciai della Val di Rhêmes in estate c'era sempre qualche incidente: ora ne capitano di meno perché è sparito il ghiaccio, non gli imprudenti. Sul ghiacciaio della Tsanteleina abbiamo tirato fuori uno studente di medicina di ventun anni: il papà e la mamma gli hanno fatto una cappellina su a Thumel. Aveva la moto da cross, era partito sul ghiacciaio con gli amici, ma senza la corda e senza la paura. Bisogna avere un po' di paura. Quando non hai più paura, sei perso. In qualunque cosa fai.

Qualche volta ne ho anche portato giù qualcuno vivo, *neh*. Una ragazza l'ho trovata ferita al Col Bassac mentre ero in servizio come guardia: era in pantaloncini, aveva una gamba rossa di sangue, la pelle era venuta via per una caduta sulla morena, non riusciva più a muoverla. Allora l'ho presa in braccio e l'ho portata dal colle fino al rifugio Benevolo. Quella volta mi sono arrabbiato sul serio: non con lei, col gestore. Sono entrato e ho chiesto se aveva qualcosa per disinfettare le ferite, lo so bene che al rifugio c'è il kit di pronto soccorso. Mi ha risposto che non aveva tempo. «Dimmi dov'è che lo prendo io». «Non ho tempo». «Allora senti, pagandoti, tu che hai la jeep, portala giù fin dove finisce lo sterrato, così la accompagniamo all'ospedale». «Non ho tempo». Non ho detto una parola, l'ho ripresa in braccio e l'ho portata giù. Quando siamo arrivati alla sorgente, me lo vedo arrivare con il fuoristrada. Ho posato la ragazza e gli sono andato incontro. «Sparisci, altrimenti tu e la jeep finite nel torrente. Io ti denuncio». Ai tempi ero una belva quando mi arrabbiavo: non ha mica detto niente. Che poi aveva anche l'obbligo di prestare soccorso.

Il distintivo del soccorso alpino è appuntato insieme agli altri sul panno dove ho appeso i simboli di una vita intera: accanto al Corpo del Soccorso Alpino c'è, per amicizia, il distintivo del *Corps Forestier Valdotain*. Quindi quello degli alpini, dove ho fatto la naja, il distintivo dell'amministrazione comunale – dei tempi in cui ho fatto lo stradino. Poi ci sono gli stemmi del *Parc National de la Vanoise* e dei Vigili del Fuoco, ricevuti in segno di stima. E infine ci sono i due distintivi che ho portato più a lungo, su e giù per i due versanti della Val di Rhêmes: quelli del Parco Nazionale del Gran Paradiso, che indossavo da guardiaparco, e quelli da guardia venatoria e da guardiacaccia della riserva dei Rossi di Montelera, con cui sono andato in pensione. Ne mancano ancora, che mi sono sempre dimenticato di aggiungere. Stambecchi, aquile, leoni, stelle a cinque punte, fiamme, accette e Diana che scocca la freccia: se li metti tutti insieme viene persino un bel quadro. Mancano i mestieri di troppa fatica, come il manovale e il garzone, e i mestieri che non si possono dichiarare, come il contrabbandiere e il bracconiere: per quelli non c'è uno stemma.

Capitolo 3
Dove l'orizzonte è piatto non so stare
naja

Adesso ci si sposta di più, ma ci si muove di meno. Tutti hanno la patente, pochi le gambe buone per i sentieri in salita. Siamo diventati animali da asfalto e di pianura. Le due cose sono legate insieme con un nodo stretto: le strade costruite dai montanari sono le stesse che dai villaggi molti hanno imboccato per trasferirsi in basso, dove l'inverno è più breve e meno sgarbato. I montanari sono scesi in città e i cittadini con le loro automobili hanno portato in quota le pretese e le inquietudini allevate nei palazzoni. Quest'unica strada che parte da Rhêmes e conduce fino a dove decidi di seguirla, l'ho percorsa sempre nei due sensi. Andata e ritorno. È come se avessi una molla agganciata dentro al petto: più mi allontano da casa più si tende – fino a che la distanza costa così tanta fatica che tornare è un sollievo.

La volta che sono andato più lontano è stato quando sono partito militare: ferma di diciotto mesi e dieci giorni negli alpini. In quell'anno e mezzo ho girato l'Italia, ho rischiato di partire per l'Africa, ma non ho mai dimenticato Rhêmes. Ho imparato il rispetto per l'Italia e toccato con mano quanto può essere violento un ufficiale e ingiusta la caserma. Per uscirne a testa alta, m'è toccato di imparare a lottare.

In effetti se adesso ho male, è che forse ne ho date un po' troppe. Ho preso lezioni di combattimento per la rabbia di tutto quello che mi hanno fatto. Ci obbligavano a metterci carponi, nudi, in fila, con il dito nel culo di quello davanti e poi toccava di metterlo in bocca finché qualcuno non gridava: «Cambio!» A farci questo erano i più vecchi – più vecchi di otto mesi. Una volta mi hanno denudato in quattro e mi hanno fatto nero di lucido da scarpe e grasso, dappertutto tranne la faccia. Non avevamo un soldo per lavarci, c'erano solo le docce fredde. Le mutande bianche son venute color carbone, mi sono strofinato con l'acqua gelata e il sapone, ma alla fine ero come il *negus* lo stesso. Ho portato le mutande alla mamma, che mi ha chiesto che cosa era successo: m'è toccato di raccontarle tutto. Lei le mutande è riuscita a farle venire pulite, *via*, almeno non erano più nere, ma io ho deciso di fare il corso di lotta. «*Porca 'na miseria*» ho detto, «però poi spacco i musi e li lardo tutti». Più che tutto ero veloce di gambe, forte di reni e imparavo alla svelta: quattro giorni alla settimana, due ore al mattino e due al pomeriggio di addestramento con Giovanni Coletta, l'aiutante di battaglia. Di sventole ne ho prese per così, ma da allora chi ha provato a mettermi le mani addosso si è poi fatto male.

Ho imparato a combattere per non dover subire, ma poi è andata a finire che mi son messo in mezzo anche quando il torto lo facevano a qualcun altro. Ce n'è di quelli che riescono a farsi i fatti loro qualsiasi cosa succeda davanti ai loro occhi e di altri che non sono capaci di rimanere a guardare. Io sono di quelli lì. È ben per quello che a naja finivo sempre per combinarne delle belle. Per esempio, in caserma il genio fanteria contava meno degli altri: erano i senza casta e tutti li trattavano male. Se eri un fante era impossibile bere una cedrata al bar. Potevi ordinarla, sì. Pagarla, forse. Ma il barista non ti serviva proprio mai. A me le cose che non sono giuste non sono mai piaciute: eravamo tutti soldati allo stesso modo, servitori dello stesso padrone. Allora un giorno ho scambiato la mia visiera da alpino con la busta di un amico fante e siamo entrati nel bar insieme. Ordino due cedrate e sporgo i soldi per pagare. Il barista ne prende la metà e mi allunga una cedrata. La passo al mio amico e ne chiedo una seconda, indicando le monete rimaste sul bancone: quattordici lire. Niente. Intanto, intorno, tutti iniziano a guardarci fisso e storto, c'era un'atmosfera tesa. *Deh*, non ci ho mica pensato su: brinco il barista per il collo con una mano, lo alzo oltre il bancone e lo mollo dall'altra parte – è caduto a terra tutto molle. Allora pesavo novantasei chili e le mani erano delle morse. Quando è riuscito a rimettersi in piedi ci ha poi ben servito la cedrata. Ma non l'ha capita subito: la volta dopo, quando il mio amico è tornato da solo, ha provato di nuovo a lasciargli la sete. Ci ha ripensato solo quando uno nel bar ha chiesto: «Non c'è Oreiller questa volta?» E il fante gli ha risposto: «È qui fuori, nel caso il barista avesse dimenticato come si servono le cedrate alle buste».

La più grossa che ho combinato a naja è stata quando ho rischiato di finire a Gaeta. Il problema non era nemmeno tanto il carcere militare, ma tutto quel mare intorno. Eravamo sul Monte Bondone, vicino a Trento, sopra una sterrata tutta curve che portava fino alle casermette. Stavamo marciando in autocolonna assieme a dei soldati austriaci, comandati da un maggiore. Io ero l'ultimo, dietro di me c'era solo l'autoambulanza, uno Spal col muso lungo e due parafanghi rossi. Improvvisamente il muro di sostegno a valle ha ceduto, un camion è caduto e anche uno dei soldati austriaci è sparito lungo la scarpata. Non ho mica più pensato che ero a militare: sono saltato giù, perché ce n'è di quelli che riescono a farsi i fatti loro e di altri che non impareranno proprio mai. Come me.

Ho trovato l'austriaco seduto parecchi metri più in basso, coperto di sangue e di graffi. 'Se è seduto non è morto' mi sono detto. Era confuso e faticavamo a capirci: io gli dicevo di alzarsi in valdostano, lui si lamentava in tedesco e si toccava la schiena. Alla fine l'ho alzato e gli ho chiesto se aveva male alle gambe: che cosa mi ha risposto devo saperlo ancora adesso. Fatto sta che più o meno secondo me era intero: ho raccolto il suo berretto con la visiera beige e l'ho messo in bocca, ho preso lui e me lo son caricato sulle spalle – e via su per la riva. Quando sono arrivato di nuovo sulla strada eran tutti lì che *tacàvano* le corde ai camion per scendere. L'intendente medico mi è venuto incontro, duro: «Cosa hai fatto?» E dal tono in cui l'ha detto non sembrava una di quelle domande cui bisogna rispondere per davvero. E nemmeno un complimento. Infatti subito dopo è arrivato il capitano: «Stai tranquillo, la Gaeta a te nessuno te la toglie. Quando rientriamo in caserma fai la valigia. Sicuro che questa non te la perdono». Io in silenzio. Mi ha anche insultato, ma non ho risposto. Se sei a militare, per salvare qualcuno devi aspettare che qualcun altro te lo ordini – non è come in montagna. Bisogna essere proprio scemi per dimenticarselo.

La prima notte non ho dormito, la seconda neanche, al pensiero che mi spedissero in galera. Sul mare. Io che non sopporto di stare rinchiuso, a nuotare non sono capace e la riviera non è il mio posto: dove l'orizzonte è piatto non ci so stare. Verso le quattro mi han chiamato dal maggiore che comandava gli austriaci, insieme a un alpino dell'Alto Adige che faceva da interprete. Sull'attenti. Riposo. Appena il maggiore inizia a parlare io scatto di nuovo sull'attenti, un fascio di nervi. L'ufficiale indica la sedia, aspetta che mi ci sistemi e poi mi dice, in un tedesco tradotto alla bell'e meglio: «Niente. Non ho niente da darti, ti dico solo grazie». Lì comincio a capire, non dico a sperare, ma un pochino a capire sì: «Non c'è bisogno di ringraziare» rispondo. Ma lui si toglie dalla divisa un distintivo, un affare di stoffa con la stella alpina ricamata, e lo appunta sul mio giubbotto. «Non posso nemmeno darti dei soldi» non si dava pace. «Non ne avrei molti, ma nemmeno quei pochi posso darti». «Come sta quel ragazzo?» chiedo a bruciapelo, aiutato dall'altoatesino. Il maggiore era in piedi, si è seduto, è diventato bianco: ho visto scendergli le lacrime. Si è alzato per abbracciarmi e non mi mollava più. «No» diceva sottovoce. «No». Io guardo l'alpino oltre le spalle del maggiore e lui guarda me, tutti e due non sapevamo dove altro posare gli occhi. Poi l'ufficiale si è seduto alla scrivania e ha voluto tutti i miei dati: allora avevamo ancora le piastrine di metallo, che se bruciavi rimaneva quella a far capire chi eri stato prima di diventare cenere: «Manderò una lettera al battaglione» mi ha detto prima di congedarmi. Quella lettera l'ha mandata di sicuro, perché era un ufficiale, e sopra ci sarà stato scritto in tedesco: «Non provate di toccarmi Oreiller».

Il soldato austriaco lo hanno poi dimesso il giorno dopo ed è partito in licenza. Quanto a me, ci ho messo un po' a ricominciare a dormire e ci son voluti altri sessant'anni per capire che cosa mi aveva regalato il maggiore quel giorno: il suo distintivo da guida alpina militare, la qualifica dei soldati austriaci e tedeschi che conducono le operazioni di soccorso su terreno di montagna. *Voilà*, altro che Gaeta.

Alla fine al mare mi è toccato andarci per davvero, un mese a Marina di Cecina per esercitazioni al tiro contraereo. Disinvolto come uno stambecco sul bagnasciuga a ferragosto. Di trenta carabinieri, trenta bersaglieri e trenta artiglieri alpini ce n'era solo un altro allergico all'acqua quanto me, Ronchetta di Cossato. Un giorno ci hanno persino offerto la possibilità di fare un viaggio in battello all'isola d'Elba: tutto pagato da un ufficiale da Livorno a Portoferraio, ma ci siamo rifiutati. Non s'è mai visto uno stambecco prendere il battello. Il capitano insisteva, diceva che l'occasione di un viaggio così, pure gratis, non ci sarebbe capitata mai più. Ma io niente, ho insistito più di lui: piuttosto *tacàtemi* a una cordicella, appendetemi a un elicottero con mille metri sotto, ma non portatemi in mezzo al mare, ripetevo. Ronchetta era della mia scuola e così mentre gli altri erano in gita siamo finiti entrambi in punizione a pulire insalata per tutti. I due delle cucine ci hanno chiesto di scambiarci i cappelli – penna di corvo contro busta da sergente – «Così andiamo a farci fare le fotografie» ci hanno detto. Lì avremmo dovuto già capire che il cappello da alpino rendeva bene.

Alla sera avevamo la libera, così siamo usciti con i nostri cappelli di nuovo in testa e l'idea di fare qualche esperimento. Non avevamo una lira in tasca, qualche spicciolo giusto per prendere il caffè. Ma in giro era pieno di coppie di vecchi tedeschi e le donne pagavano bene per farsi fare le foto con i nostri cappelli sulla testa o assieme a noi: cinquecento, anche mille lire. E i mariti tutti contenti. Ce n'era uno che non ha perso il sorriso nemmeno quando Ronchetta a un certo punto è sparito con la moglie. Io invece ero un po' *genàto*. Quando è tornato gli ho chiesto com'era andata. «Ha tirato fuori tanti di quei soldi». «Ah, *ben*. Però era vecchia». «Lei era fuori corso, ma le banconote sono ancora valide».

Durante l'esercitazione di tiro si sparava da riva sull'acqua: all'inizio miravamo a dei grossi palloni di un metro di diametro sganciati da un battello, era facilissimo. Poi a una sagoma tirata a cinquanta metri – e anche quello era semplice. Quindi hanno cominciato a mollare dei palloncini da un aereo. Come ultima prova, dovevamo tirare a un aereo pilotato a centocinquanta metri di distanza che trainava una manica dieci metri per un metro di diametro. Prima abbiamo fatto puntamento in bianco, senza sparare, con l'aereo che faceva delle picchiate contro di noi. Ero l'unico a non togliere gli occhi dal mirino: tanto non ci veniva mica addosso sul serio. Eravamo divisi in batterie separate da palizzate di bambù e l'ordine di tiro lo dava il generale. Allora si partiva in serie, uno dopo l'altro. Io ero il penultimo. Quando passava l'aereo aprivi il fuoco, una piccola barriera di artiglieria stando attento a calcolare bene i tempi, se volevi beccare la manica. Quando è stato il mio turno e ho sparato si è sentito un boato, immediatamente il maresciallo mi è saltato addosso. 'Eppure l'aereo va ancora, questa volta non mi sono mosso e non ho rotto niente' pensavo. Invece gridava di gioia: non avevo visto che era caduto il pezzo di manica, tranciato di netto. Cinque giorni dopo sono stato convocato dal generale. Mi ha consegnato una medaglia, col tricolore in alto e un nastro bianco e verde sotto, pesantissima. Sarà stata di piombo soffiata d'oro. Comunque poi l'ha subito rivoluta indietro: «Questa va al battaglione» mi ha detto. Quando ha visto come ci sono rimasto male si è messo a ridere: se lo sapevo che la medaglia finiva al maresciallo non mi sarei impegnato così tanto.

Sempre quel maresciallo mi aveva preso a benvolere da subito, a Ivrea. In caserma c'era un modellino del Piemonte e della Val d'Aosta in gesso: bellissimo, tutto colorato di verde e marrone, con i sentieri tracciati e i ghiacciai bianchi intorno alle vette. Me l'ero studiato per bene: avevo trovato come scappare dalla Val Chiusella, passare dalla Val Soana e tornare a Rhêmes. Per sicurezza mi ero disegnato la via di fuga sopra a una mano. Quando il maresciallo ha visto il tatuaggio strategico, mi ha fatto i complimenti per la pensata: «Brutto bastardo, te sei un po' troppo furbo». Da allora mi ha sempre marcato stretto.

A noi ci comandava perché eravamo dei najotti, ma ho visto tre contadini far arrendere l'intero quartier generale.

Dovevamo fare delle manovre nella Serra di Ivrea e prima di iniziare stavamo delimitando l'area con dei cartelli con scritto sopra 'zona militare'. Proprio nel mezzo c'era un campo, e piantati nel campo tre vecchietti che cavavano le patate: «Il campo è nostro e da qui non ci muoviamo» han detto senza nemmeno alzare gli occhi dalla zappa. «Andate a giocare da un'altra parte». Quel giorno abbiamo ripiegato senza sparare un colpo.

Di punizioni e lavate di capo ho fatto la collezione: gli ufficiali degli anni Cinquanta erano duri, tagliati con il coltello. Persino il cappellano della caserma picchiava duro. Alpino anche lui, ogni tanto si prendeva la briga di confessarci tutti. La scena era ridicola: dovevi inginocchiarti in mezzo al cortile e parlare con lui che era seduto su una sedia con una coperta in testa. Aveva le sue idee sull'assoluzione. Dopo la confessione lo sentivi: «Tanto lo so che non mi dici la verità» e *badàm*, un santo cazzotto al soldato. Me, non è mai riuscito a confessarmi.

Chi è davvero forte nell'animo, non sa nemmeno cos'è la prepotenza. La barba lunga, il cappello con la penna e un ritaglio di giornale appiccicato accanto: è così che ho scolpito padre Giovanni Brevi – colonnello, sacerdote militare e medaglia d'oro. Gli ho fatto il ritratto perché se lo è meritato: io l'ho conosciuto. Poveretto: dodici anni prigioniero in Russia dopo aver fatto la guerra in Grecia. Sul campo correva dove i soldati gridavano, morivano per le pallottole, la cancrena, la sete. Lui avanti e indietro coi feriti in spalla e la brenta dell'acqua a tracolla – il crocifisso da una parte e la pistola dall'altra, con un colpo solo. Perché era meglio non farsi catturare, anche se eri cappellano: Dio avrebbe capito la faccenda e avrebbe chiuso un occhio. Quando è tornato dalla Russia non aveva niente: abbiamo fatto una colletta – cinque lire a testa – per comprargli la sottana. L'esercito gli passava i pantaloni e le camicie. La bandiera invece era quella della battaglia, con il bianco incrostato di sangue. Il 4 novembre è venuto in caserma a dire la messa: eravamo in centocinquanta là dentro e ce ne saranno stati cinque che non piangevano. Ha detto la messa col cappello in testa: lo ha tolto solo per la consacrazione. Pregava e piangeva, predicava e piangeva – tutti eravamo in silenzio e lo abbiamo sentito benissimo quando ci ha chiesto perdono. Finita la funzione, lo volevano far andare alla mensa degli ufficiali, ma lui no: con la gavetta insieme a noi. Padre Giovanni Brevi era un vero alpino.

Forse ci sono nato, forse lo sono diventato a naja: mi hanno detto che sono l'ultimo patriota italiano, il solo rimasto a difendere l'Italia in Val d'Aosta. Praticamente uno stambecco albino, un incrocio fra un errore e una specie rara. Davanti a casa, nell'angolo preciso in cui si danno appuntamento tutti i venti di questa valle, ho costruito un aereo di legno che fa da banderuola: batte bandiera italiana, disegnata in tre cerchi colorati uno dentro l'altro. Un giorno è passato uno che voleva correggere i colori, perché secondo lui quelli giusti erano il rosso e nero della Val d'Aosta. L'ho mandato a stendere: io l'Italia l'ho girata poco e posso dire di amare per davvero solo questi piccoli posti che conosco, ma *deh*, la rispetto tutta intera.

Quando è venuto il mio turno di combattere non mi

sono tirato indietro: non è che mi piacesse l'idea della guerra, non ero un criminale, *neh* – ma nel 1957 c'era bisogno, e sono partito per Suez. Eravamo guastatori: il nostro compito era aprirci la strada con il coltello in bocca a suon di bombe a mano, raggiungere le trincee e lì lottare all'arma bianca. Ero con l'istruttore di lotta: «Oreiller, io e te torniamo. Gli altri non so mica» mi fa sul treno. Io non ero così tranquillo: quando mi sono visto sedici bombe attaccate al petto, tre coltelli, baionetta e pistola addosso mi sono detto: «*Ahiahiahi*, questa volta è brutta. Addio Val d'Aosta». Mi son messo a salutare le montagne una per una finché sono riuscito a vederle. Arrivati a Milano, a Porta Augusta, la corsa è finita su un binario morto: contrordine – partenza revocata e rientro in caserma. Per fortuna che sul campo di battaglia non siamo mai arrivati: restarci secco in Egitto mi sarebbe proprio dispiaciuto.

E dire che non sarei stato nemmeno il primo montanaro a morire chissà dove e senza capirci granché del motivo. Ogni villaggio ha i suoi caduti da ricordare, non c'è paese in Val d'Aosta e non c'è famiglia in paese senza soldati che hanno combattuto battaglie incomprensibili. Per esempio, la nostra razza son tutti guerriglieri. Il bisnonno Victor Oreiller è morto nel 1920 che aveva quasi novant'anni: ha fatto la Crimea e la Guerra d'Indipendenza ed è tornato a casa con la medaglia d'argento. Era portaordini perché pesava solo quaranta chili: faceva correre così tanto i cavalli che uno è schiantato di fatica. Invece il nonno paterno durante la Grande Guerra si è fatto ammazzare perché non ha abbandonato il suo posto di sentinella. Giò Ambrogio Giacomo Oreiller, nato nel 1820, semianalfabeta se non lo era del tutto, ha sempre guerreggiato da soldato semplice: il suo congedo per tempo finito è incorniciato in casa. «Ventimila lire dovute al saldo» per sedici anni in servizio e due campagne militari, una per l'Indipendenza e l'altra contro gli austriaci – c'è scritto. Un altro parente da battaglia è quello che ha passato la breccia di Porta Pia per primo. Il caporale dei bersaglieri Luigi David Thérisod ha preso una palla, un *bolèt*, in piena testa: seccato subito, non ha avuto neanche il tempo di rendersi conto di essere una specie di eroe nazionale che era già morto e famoso, insieme agli altri italiani caduti il 20 settembre 1870. Un conoscente ci ha portato la foto della lapide che c'è a Roma: il prozio è in basso a sinistra.

Due guerre mondiali si sono prese un bell'anticipo, le industrie di pianura hanno fatto il resto: entrambe hanno portato via dai villaggi di queste valli generazioni intere. Quella prima della mia e quella successiva: nel mezzo son rimasto io, troppo giovane per l'ultima guerra e troppo ostinato per scendere a valle. O rimanerci, arruolandomi nell'esercito: avevo solo più un corso da fare – bastava la quinta elementare – e dopo vent'anni, un mese e un giorno mi sarei congedato da sergente maggiore o maresciallo.

E invece sono voluto tornare: e tanto per cambiare sono finito di nuovo in mezzo a fucili e divise, ma questa volta a far la guardia agli stambecchi, in mezzo alle mie montagne.

Capitolo 4
Chiamiamolo lavoro *guardia*

Ha quasi sessant'anni e non va più in giro da un pezzo, ma è ancora rossa e splendida: siamo stati ovunque insieme. Perde appena un po' d'olio, ma la Guzzi funziona ancora benissimo. L'ho comprata il 10 aprile 1960: non ho mai avuto il coraggio di dirle quante cambiali da diecimila lire mi è toccato di firmare per lei. Quell'anno mi avevano assunto come guardiapesca regionale a Châtillon: per lavorare bisognava viaggiare, ma il mezzo mica te lo davano. Lo stipendio era molto più modesto che sui cantieri – ventottomila lire al mese – una roba da prenderli a bastonate –, però confronto agli altri mestieri facevo niente: dei gran chilometri, è vero – ma non carico di cemento o per scappare al freddo e ai *douaniers*. Mi sentivo un turista: «Qua non guadagno neanche l'acqua che bevo» mi dicevo ogni volta che saltavo sulla sella della Guzzi.

Come guardiapesca, oltre a occuparci della vigilanza, eravamo incaricati dell'immissione delle trotelle nei laghi in quota. Le portavamo su con un'Apecar fin dove si poteva, poi proseguivamo in moto. Le trotelle erano robette di cinque-dieci centimetri. Si trasportavano dentro a delle brente che ogni tanto bisognava ossigenare con una camera d'aria e una pompa da bicicletta, per non far morire i pesci.

Una volta il mio collega Deval e io portiamo le trotelle in moto verso il Colle del Gran San Bernardo. Sarà stato l'inizio dell'autunno e i pastori erano già scesi dagli alpeggi più alti. In montagna in quel periodo si respira la stessa atmosfera che c'è in paese dopo una grande festa: tutto ritorna silenzioso e pulito – persino l'aria – restano solo quelli del posto, i timidi tornano in piazza e gli animali a farsi vedere, la luce ancora calda porta memoria della frenesia di poco prima, ma la brina ricorda che anche per questa volta una stagione è andata – dolcemente muore. E noi con le nostre moto a rompere il silenzio scandito solo dai campanacci delle vacche lungo la stradina sterrata. Tutto intorno c'erano queste ragazzine belle che pascolavano le bestie: già guidare sullo sterrato non era facile, poi con le distrazioni diventava quasi impossibile. Deval, che era dieci metri davanti a me, ogni tanto si girava con due occhi aperti grandi così e mi faceva il gesto con la mano: «Son proprio belle!» «Guarda avanti» gli faccio. Manco il tempo di finire la frase. C'era un muricciolo con accanto un ruscello: non ha mica visto né uno né l'altro e ha *spatarato* tutto lì: moto, acqua, brenta, trotelle e se stesso. È finita bene solo perché c'era il ruscello vicino: abbiamo raccolto le trotelle con le mani e le abbiamo rimesse appena in tempo nella brenta riempita con l'acqua fresca. Non erano contente, ma nemmeno morte.

Ho fatto il guardiapesca per tre anni: poi l'ispettore del Parco Nazionale del Gran Paradiso è venuto a cercarmi. Mi ha chiesto tre volte di diventare guardiaparco. La prima volta voleva mandarmi a Cogne, un'altra valle rispetto alla mia – un altro mondo rispetto a Rhêmes. Cogne è una piccola città ai piedi del Gran Paradiso, Rhêmes appena un villaggio raccolto all'ombra della Grande Rousse. Cogne prima erano le miniere di ferro, poi quelle d'oro del turismo, a Rhêmes di miniere vere o finte non ne abbiamo mai viste: infatti tutti conoscono i prati di Sant'Orso e molti meno il Lago del Pellaud. Quarantacinque chilometri di strada non dicono tutta la distanza che separa le due valli. «A Cogne non ci vado». «Ma guarda che lo stipendio è più alto». «Non se ne parla».

La seconda volta mi ha cercato di nuovo a Châtillon: «Potrei mandarti anche a Valsavaranche». Valsavara, come diciamo noi, è nella valle accanto alla mia, oltre il Colle dell'Entrelor: a piedi allora l'avrei considerata una passeggiata, ma non mi andava di far base fuori dal territorio che sentivo mio, di mettere radici in un accento diverso. Lontano è dove le voci suonano sempre straniere e tu sei considerato strano: gli ho spiegato che per la lontananza trentacinque chilometri possono bastare. «Niente da fare, vengo solo se sto a Rhêmes». «Ma a Rhêmes non ho nessun posto libero e tu hai troppi amici». «Degli amici ce li avrei anche a Cogne e a Valsavaranche nel giro di un mese, se mi sposto lì».

Passa qualche settimana e un giorno incontro la moglie dell'ispettore a Aosta: «Vai subito in ufficio da mio marito, che ha urgente bisogno di parlarti». Sono andato e mi ha detto che si era liberato un posto a Rhêmes: «Vuoi andare?» «Se è a Rhêmes, subito!»

Quindici giorni di preavviso per licenziarmi e ho iniziato nel Parco: non ho fatto né corsi né niente – sei mesi di prova, poi un anno di proroga della prova e dopo un anno e mezzo ero guardia a tutti gli effetti. La paga era più alta – trentottomila lire, quarantamila se facevi le notti in quota –, però non c'erano né sabati né domeniche, avevi solo due giorni di riposo in tutto il mese e lavoravi dall'alba al tramonto. Le istruzioni erano precise: bisognava camminare sempre fuori dalle tracce battute: le guardie dovevano osservare senza essere viste, partivamo da casa a buio e tornavamo quando faceva scuro di nuovo. I casotti in quota erano solo d'appoggio, per la notte: a mezzogiorno per coprirsi e mangiare dovevamo farci bastare lo zaino che avevamo in spalla. Era una vita dura, di vigilanza continua contro i bracconieri.

Ai tempi girava un detto fra i guardiaparco: «Valsavaranche è l'inferno, Cogne il purgatorio, Rhêmes il paradiso». Sarà stato meglio che dalle altri parti, ma io pensavo che in paradiso ci fossero meno fucili. La dotazione delle guardie era ridotta al minimo: all'inizio non avevamo nemmeno le divise – solo il cappello. Poi sono arrivati quei pantaloni alla zuava con la riga verde, spessi, scomodi, ridicoli: Nathalie diceva che sembrava che andassi in giro con la gonna – conciati così, ai bracconieri facevamo più schifo che paura.

Erano i tempi che il Gran Paradiso aveva pochi soldi e lo dirigeva il professor Renzo Videsott: un uomo tozzo, robusto, forte alpinista, veterinario, brutto carattere. È lui che ha rimesso in piedi il Parco. Ce l'aveva fisso in testa già nel 1943. Con l'Italia divisa e capovolta, Videsott lottava su due fronti: per cacciare i tedeschi, insieme a molti altri, e per proteggere gli animali del Gran Paradiso, solo contro tutti – rimettendoci anche del suo, così dicono. Per quello nel 1945, quando la guerra è finita, gli hanno messo in mano la riorganizzazione del Parco: e via a rimboccarsi le maniche e a cercare fondi, che le casse erano vuote. Videsott faceva sul serio: ha rifiutato la carica onorifica di presidente per diventare direttore senza compenso – voleva fare, non farsi pagare. Noi guardie però ci trattava come delle pezze da piedi, e dire che qualcosa lo facevamo. Facevamo vigilanza per proteggere gli animali dai bracconieri giorno e notte, abbiamo costruito i bivacchi e i casotti per dormire in quota e svegliarci già nel nostro ufficio di pietra e di bosco, ci occupavamo dei censimenti – di contare gli animali per stimarne il numero –, portavamo agli stambecchi il sale di cui hanno bisogno e che scarseggia nei prati. Qualcosa di buono lo abbiamo fatto, *deh*: i quattrocento stambecchi rimasti nel Parco, sotto Videsott e col nostro lavoro sono diventati tremila. Dicono che grazie a lui il Parco Nazionale del Gran Paradiso è diventato la riserva naturale meglio amministrata d'Italia, ma si dimenticano che è anche grazie alle guardie se le sue idee hanno messo le gambe per pattugliare, gli occhi per vigilare e il piglio per affrontare i bracconieri e i loro fucili – che i nostri sparavano per finta, i loro erano precisi.

Ogni giorno dovevamo compilare un diario scrivendo quello che era successo in servizio: «il quaderno delle balle», lo chiamava il mio caposervizio Romeo Dayné. L'unica volta che ho scritto più dello stretto necessario è stato quando mi sono visto piombare l'aquila su una dorsale sopra il Benevolo: ha brancato una marmotta con gli artigli – *fiàmmm!* –, ma io sono uscito fuori e gliel'ho fatta mollare. Poi l'ho scritto. *Ben*, il professor Videsott ha scritto anche lui. Due pagine. Di insulti. Ha scritto che non capivo quello che facevo, che anche l'aquila deve mangiare, che è tutta questione di catena alimentare. Io pensavo di aver salvato una marmotta, di aver fatto una cosa buona. Da allora non ho mai più scritto nulla, se non il minimo indispensabile: partenza, arrivo, avvistamenti, sanzioni, cose notevoli.

La vita delle prime guardie era dura davvero: qualcuno si è preso delle bastonate dai capiservizio, molte guardie bevevano, qualcuno è morto per incidenti in montagna o ha rischiato di farsi ammazzare dai fucili dei bracconieri, molti si sono suicidati – in servizio o già in pensione. È successo nella valle di Cogne, in Valsavaranche, in Valle dell'Orco e anche nel Parco Nazionale della Vanoise. Un giorno che sembra uguale agli altri, la guardia lascia il cane a casa – siccome giravamo sempre da soli, ci era permesso di portare il cane per ragioni di sicurezza – e quello stesso giorno lo trovano morto in una buca, con in testa il segno lasciato dalla sua pistola. Qualcun altro saluta il collega a un bivio e prende il suo sentiero. «Ci vediamo stasera» e prima di mezzogiorno si sente uno sparo e già si capisce che non c'è più niente da fare. C'è chi ha preso ferie ed è semplicemente sparito, così disperato e solo al mondo che ci sono voluti quindici giorni perché qualcuno si accorgesse che non era mai partito per le vacanze, che non sarebbe più tornato. Questo era un uomo malinconico che incontravo ogni tanto sulla Becca di Traversière: da lì lo sguardo abbraccia una distesa di ghiaccio così grande che sembra di essere per mare, e andava bene essere in due su quello scoglio. Poi ci salutavamo e ciascuno scendeva sul suo versante. Lo hanno trovato sul piano della Grande Sassière.

C'è chi la solitudine della montagna la cerca, c'è chi la sopporta, c'è chi la annega nel vino e chi la subisce fino a esserne schiacciato. La solitudine è fatta per chi sa di non essere mai solo per davvero. *Voilà*, la vita di una guardia non era solo camminate e stambecchi!

Di chilometri comunque ne facevamo, e anche di dislivello: una volta mi hanno chiesto di portare una lettera a Bonneval-sur-Arc, nel Parco Nazionale della Vanoise. Io sono partito e in diciotto ore sono andato e tornato con quattro colli di mezzo: il Col Rosset per raggiungere il Pian del Nivolet e il rifugio Chivasso, il Colle della Vacca per scendere a Bonneval, il Col d'Iseran per arrivare al Prariond, il Col du Fond per tornare in Val di Rhêmes. Alla fine, il Ghiacciaio di Fond l'ho fatto di notte, al buio: ho sempre detestato la pila, perché se l'accendi sei perso – non puoi più farne a meno finché non torna il giorno. Ero senza ramponi, allora ho messo la piccozza a raspa e via, giù dal ghiacciaio sul sedere: quando trovavo delle crepaccette di venti, trenta centimetri alzavo un momento le chiappe per superarle e via. Un po' un peccato perché ho rovinato tutti i pantaloni: mi è dispiaciuto perché erano belli – anche se Nathalie direbbe che io di pantaloni belli non ne ho mai avuti.

Di capi invece ne ho avuti parecchi, ma come Romeo Dayné, il caposervizio del Parco, nessuno. Era un ex bracconiere della Valsavara e non è che ce l'avesse con Dio o con la Chiesa, da lui non ho mai sentito una bestemmia: lui era arrabbiato con i preti. Dayné è cresciuto solo con la mamma: di suo padre si dice che fosse un prete – lo capisco *ben* che non gli andasse troppo a genio la categoria. Ma si era fatto la casa a Rhêmes-Saint-Georges a cento metri dalla chiesa e dopo la pensione lo vedevi spesso discutere di politica e di religione col parroco, don Miglieri: erano due *testasse* – entrambi molto intelligenti. Dayné aveva mani enormi, ma era un dattilografo imbattibile: con quelle dita grosse scriveva verbali che caro mio! Un giorno don Miglieri gli propone un lavoro da fare per la parrocchia, isolarne il muro con le perline di legno: «Se sei capace, *neh*? Però ti tocca entrare in chiesa, te che non ci metti mai piede». Dayné l'ha guardato dritto in faccia: «Va' che sono battezzato anch'io». È andato all'ingresso della chiesa, ha tirato fuori la roba per fumare e l'ha messa da parte, poi si è tolto tutte e due le scarpe. «Ma guarda che non è mica una moschea» gli dice il parroco. Romeo non risponde neanche ed entra dentro. Però il segno della croce non lo fa mica – si mette sull'attenti e poi inchina la testa. Vede cosa c'è da fare e accetta: don Miglieri gli dice di comperare quello che serve e di cominciare quando vuole che gli avrebbe poi pagato tutto insieme. Così Dayné si mette al lavoro, va avanti giornate intere: per non mettersi le scarpe senza farsi gelare i piedi, si compra persino delle pantofole rossicce con la chiusura lampo e dentro alla chiesa lavora con quelle. Ogni quarto d'ora va fuori a fumare: esce, mette il cappello, fuma. Spegne la sigaretta, toglie il cappello, calza le pantofole nuove di trinca e rientra – ogni quarto d'ora. Quando il lavoro è finito, don Miglieri va per chiedere quanto gli deve per i materiali e per il lavoro: «Non c'è bisogno di pagare, non ho mica lavorato per te» fa Dayné – e si accende una sigaretta come a dire che il discorso è chiuso. Don Miglieri, che era un prete di quelli moderni, quando poi l'ho incontrato mi ha detto: «Io ci credo, ma Romeo crede più di me». Era un uomo giusto – forse fatti così non ne nascono neanche più.

Durante la guerra era normale procurarsi carne e pelliccia di frodo, pescare con le bombe e con le batterie. Finché c'è stata la fame, il bracconaggio serviva per mettere qualcosa in tavola, ma negli anni Sessanta erano ancora in tanti a cacciare dove non si poteva o senza permesso, nel Parco e nella riserva: persino il parroco don Guglielmet l'ho beccato a spasso con il fucile dentro i confini del Gran Paradiso! E chi non era bracconiere vuol dire che lo era stato. Anzi: assumere un famoso bracconiere per il Parco era un ottimo affare – ne toglievi uno di mezzo e in più lo mettevi alle calcagna dei suoi colleghi, di cui conosceva benissimo le zone e le abitudini. Certo che rischiavi di farti odiare, per questo applicavo un metodo tutto mio, che rispondeva più alla coscienza che alla legge. Per me l'importante non era multare, ma far passare la voglia di andare a caccia dove era vietato e dimostrarmi giusto, perché non mi facevo corrompere né prendere in giro.

Quella volta che sul giornale hanno scritto di due bracconieri anonimi messi in fuga che han lasciato cadere gli stambecchi abbattuti ho guadagnato il rispetto di tutti in paese, ma ho preso delle ciccate a non finire dal maresciallo della Forestale perché li ho lasciati andare. L'articolo infatti non lo dice, ma in realtà li avevo in pugno entrambi. Per prenderli, in meno di un'ora ho fatto mille metri di dislivello fuori sentiero: il primo stambecco gliel'ho tirato via, il secondo bracconiere invece ha provato a tenersi il bottino. Ma gliel'ho detto che non siamo come i finanzieri: una *bricòla* a me e una *bricòla* a te. «O butti giù l'animale, oppure peggio per te». Si è rassegnato e ha messo giù lo stambecco. Ufficialmente ho poi dichiarato che non li avevo conosciuti anche se sapevo benissimo nomi e cognomi, nonostante i passamontagna: mi basta vedere una volta le mani di una persona per sapere chi è. Da quel giorno in avanti tutti mi hanno rispettato perché facevo il mio lavoro in modo onesto: non per il gusto di punire e senza cercare di ricavare altro tornaconto che fare quello per cui ero pagato.

Oggi di bracconieri nel Parco e nella riserva non ce n'è quasi più, e se ci sono non sono più impestati come un tempo: gli stambecchi e le guardie possono dormire sonni tranquilli. Nessuno va a caccia per fame e le teste di stambecco in soggiorno non vanno più di moda. Oggi il bracconiere uccide per fastidio, per togliere di mezzo un «vicino di casa» scomodo – la volpe, la faina, il tasso, il lupo – o perché vuole essere l'unico predatore e allora elimina la concorrenza degli altri carnivori. Raramente lo fa con il fucile, più spesso con lacci, trappole o veleno. Sessant'anni fa invece era guardie e ladri, era come essere in un film di spie dove conosci tutti e non puoi fidarti di nessuno, come in un western con i buoni e i cattivi: ma i fucili e le pistole erano veri.

Qualche volta però se la andavano proprio a cercare – e allora non c'era tonaca di prete o camicia da commendatore che potesse evitare la multa. Per esempio ce n'erano quattro che conoscevamo bene e che aspettavamo da giorni: avevamo trovato i bossoli nel vallone della Vaudaletta ed eravamo sulle loro tracce. Una notte li abbiamo aspettati dove c'è il lago morto a Chantery e gli abbiamo teso un'imboscata. Allora non c'era la strada di adesso, quella vecchia era stretta e si faceva col carretto. Loro osavano passarci con la 1100, ma con una ruota di fuori. Eravamo in quattro contro quattro: mio zio Natalino e Toni come guardie della riserva, Pascal il guardiaparco e io per il Gran Paradiso. Ci siamo nascosti a monte, al riparo di una roccia. È toccato a me fermare la macchina, saltando in mezzo alla strada e intimando l'alt: sono scesi e mi hanno placcato tra il muro e l'auto, puntandomi il fucile al collo. Ho rischiato un po'. A quel punto sono intervenuti anche gli altri, Toni aveva già il colpo in canna e non aveva problemi a premere il grilletto. Si sono dovuti arrendere e consegnare i cinque animali. Il processo è durato sei ore: hanno tolto a tutti e quattro licenza di caccia e porto d'armi e li hanno condannati a pagare una multa salatissima – diciotto milioni di lire. Hanno contato le femmine uccise e per ogni femmina i cuccioli che avrebbe ancora potuto fare – pagavi anche quelli. Per don Guglielmet mi è dispiaciuto – ma non si può dire che non fosse avvisato – per gli altri tre mica tanto.

Osservare gli animali, fare i censimenti strizzando gli occhi per distinguere e contare stambecchi, camosci, marmotte, pernici e fagiani di monte, controllare i turisti, spiare i bracconieri: fra una storia e l'altra ho passato degli anni dietro le lenti. È stato da guardia che mi son rovinato la vista: se ora ho un occhio più debole dell'altro, è colpa del cannocchiale. Se le lenti avessero potuto registrare quello che ho visto, sarebbe un film – un po' un documentario, un po' una commedia: perché sì, guardavi, ma mica sempre e solo animali.

Una volta ho fatto una figura. Venivo giù con la moto sulla poderale, in folle, lentamente – era pomeriggio, le ombre erano già lunghe ma non mi importava più di tanto perché avevo ancora tempo. Arrivo al curvone di Chantery e guardo giù vicino al torrente, dove c'è ancora il sole. «Ma cosa stanno facendo?» mi dico. Mi fermo, appoggio la moto alla riva, tiro fuori il binocolo: «Ah, ecco che cosa stanno facendo». Mi guardo intorno: nessuno in vista. Allora scendo un pezzetto sotto alla strada, dove c'è una piccola pietraia, e piazzo il cannocchiale lungo da sessanta ingrandimenti, metto a fuoco perfetto – io all'ombra, loro al sole: sembrava di esserci anch'io. Mi veniva anche da ridere: *ben*, in quei casi lì vuoi mica piangere? Quei due se la stavano passando mica male. Ecco che arrivano tre signore: «Buongiorno». «Buongiorno». «Cosa sta guardando?» «Marmotte». «Posso guardare anch'io?» E io, impassibile: «Prego, signora: ma stia attenta a non spostare il cannocchiale». In realtà con un colpetto del gomito lo avevo già mosso apposta mentre mi alzavo. E va *ben*. Si mette lì e guarda. Subito si è girata con due occhioni, poi non mollava più 'sto cannocchiale. Le altre le chiedevano se potevano guardare anche loro: «No, adesso la marmotta è in tana. Se esce ve lo dico». «Fai guardare anche noi». «Non esce, niente da fare. È proprio entrata dentro e non viene più fuori». Nel mentre parlavamo: le signore mi facevano delle domande, erano curiose, e io rispondevo. «Ma voi guardate proprio tutto tutto?» si gira quella del cannocchiale, serissima. «Sì, signora. Guardare per noi è un compito preciso: qualcuno potrebbe anche farsi male» rispondo con l'aria solenne, «e noi abbiamo l'obbligo di intervenire». Intanto arrivano i tre mariti, che si erano attaccati con la politica – ma erano arrabbiati, *eh* – si insultavano, neri in faccia: «Ah, siete qua?» fanno alle mogli. Non mi hanno neanche parlato e son passati oltre senza fermarsi. Alla fine la signora smette di guardare, ci stringiamo le mani e se ne vanno tutte e tre – grazie, prego, buonasera, arrivederci. Il dubbio un po' mi era venuto. Appena le signore se ne sono andate ho controllato: vigliacco che quando vuoi non riesci a farlo stare fermo e questa volta che doveva spostarsi era rimasto dov'era, 'sto maledetto cannocchiale! Nel mentre vedo la signora che dopo dieci metri si accascia contro la riva e si prende la pancia dal ridere, le altre due piegate in mezzo alla sterrata.

Il fatto è che molti, appena si sentono in mezzo alla natura, pensano di essere al riparo dagli sguardi: ma di tutta la zona di mia competenza nel Parco c'è forse solo l'angolo di un piccolo vallone dove nemmeno uno sguardo allenato e un buon binocolo possono arrivare. Da tutte le altre parti tu credi di non esser visto, ma magari sul versante opposto della valle c'è un tizio che ti osserva e prepara un verbale. La verità è che in montagna non ci si guarda mai abbastanza intorno prima di abbassarsi le braghe.

Dopo otto anni nel Parco del Gran Paradiso, una sera all'imbrunire il vecchio conte Napoleone Rossi di Montelera è venuto a cercarmi per chiedermi se volevo andare a lavorare nella sua riserva di caccia: gli mancava una guardia. La riserva si trova sul versante orografico sinistro della Val di Rhêmes, proprio in faccia al Parco. Napoleone era un famoso cacciatore di camosci, allora poteva avere già sui settant'anni: appoggiandosi al suo bastone con una parte di legno – *tlac* – poteva sparare quasi a braccio sciolto. Tirava un colpo per far avvicinare i camosci e poi mirava all'animale: sapeva il fatto suo. Mi chiede quanto prendevamo nel Parco. Glielo dico. Sorride un po': «Io le do settantacinquemila lire al mese contro quarantacinquemila» mi dava del lei, «due giornate di riposo alla settimana e cinque giorni di ferie a Natale. A me tutte le religioni vanno bene: se è cattolico, la domenica può prendere servizio dopo la messa. Le do la tredicesima e la quattordicesima, come agli operai della Martini. Ci pensi: ha tempo tutto il mese di ottobre. Io sono allo chalet di Chanavey: quando ha deciso, venga a cercarmi lì». Sono tornato a casa, c'era ancora papà: «Fa' come vuoi» mi ha detto, «ma io andrei». È stato così che sono passato a lavorare sull'altro versante della Val di Rhêmes.

La valle è fatta così: sulla destra orografica – a sinistra per chi sale – c'è il Parco del Gran Paradiso. La zona di mia competenza arrivava fino al Colle della Basei. È il versante che prende il sole del pomeriggio, il più dolce e boscoso: le slavine si staccano solo molto in alto, quando dai pascoli magri spuntano le vette che separano la Val di Rhêmes dalla Valsavaranche. Sul versante opposto, più ripido e roccioso, c'è ancora oggi la riserva di caccia della famiglia Rossi. Alla testata della valle si incontrano due modi diversi di gestire il territorio e due regolamenti: il Parco nasce per tutelare l'ambiente e gli animali per il bene di tutti, la riserva ha come obiettivo quello di proteggere gli animali a beneficio di chi ha il diritto esclusivo di cacciarli. Senza il permesso di Rossi, all'interno della riserva non si può sparare. Su entrambi i versanti, con addosso divise diverse, son comunque riuscito a prendere delle belle girate dai miei capi. La prima l'ho presa proprio da Napoleone il giorno stesso che ho cominciato a lavorare in riserva. Ma non è che il conte mi ha proprio sgridato – e poi in effetti qualche ragione per rimproverarmi ce l'aveva. Quel giorno, mio zio Natalino che era il capo delle guardie mi fa: «Porta il sale su al ghiacciaio del Pellaud». «E poi?» «Poi fai quello che vuoi, io vado su con Rossi al rifugio Benevolo».

Era una bella giornata, sarà stato l'inizio di agosto. Parto allo stessa ora in cui prendevo servizio nel Parco – quattro e mezzo-cinque del mattino – arrivo su che è appena giorno, metto il sale, mangio qualcosa. Cosa fare? Ho pensato di traversare in cresta verso il ghiacciaio di Torrent per raggiungere il Forte di Bard, una vetta che si chiama come la fortezza di fondovalle: una cosa facile, l'avevo fatto tante volte da bracconiere. Le bastionate di roccia sul lato della riserva sono le tasche di un prestigiatore: da sotto non lo diresti mai, ma sulla testa di chi passeggia sul fondovalle sono appesi e nascosti come fazzoletti bianchi i due ghiacciai del Pellaud e del Torrent. Così son partito e sono uscito sul crinale a circa tremila metri di quota, all'altezza del Colle di San Martino: avevo tutto il vallone di Fos ai miei piedi e sotto alle suole una cresta di roccia scura e instabile, la stessa che poco più a valle si impenna formando la Grande Rousse, una zanna di pietra che raggiunge i 3600 metri di quota. Il cappello era rimasto dentro allo zaino, c'era un venticello gelido, insistente, che alzava come delle specie di piccole scagliette di ghiaccio. A un certo punto mi son passato la mano sulla faccia e l'ho ritirata sporca di sangue: avevo tutte le orecchie tagliuzzate. A forza di fare, erano poi venute le dieci e mezza del mattino. Prendo il cannocchiale lungo e guardo, vedo due figure accanto al Benevolo: Rossi e Natalino. Il conte guardava verso su dov'ero io e il capoguardia da un'altra parte. Io son stato lì un po' col dubbio che mi avessero visto – siccome non è che me l'avesse proprio espressamente ordinato qualcuno di infilarmi lassù – poi son sceso per morene nel vallone di Fos. Alla sera arriva Natalino: «Dove sei andato?» «Ho portato il sale dove mi hai detto». «Guarda che ti abbiamo visto: il conte pensava che fossi un bracconiere. Quando gli ho detto che eri uno dei nostri non ci credeva. Il vecchio è arrabbiato. Chi ti ha detto di salire lassù?» «Cosa volevi che facessi tutto il giorno?» «Scendevi giù, oppure ti nascondevi da qualche parte a dormire». 'Ma a trent'anni non si può né nascondersi né dormire' ho pensato. «E comunque» mi fa, «dov'è che sei passato?» «Dove te non passavi mica». Una settimana più tardi arriva Natalino e mi dice che alle quattro, finito il servizio, devo andare allo chalet che Napoleone mi vuole parlare. «Cosa vuole?» «Non lo so».

Vado e aspetto: all'ora che mi avevano detto, i domestici mi fanno entrare: «Venga, venga». Napoleone era nel suo piccolo studio, con la scrivania, la macchina da scrivere, la calcolatrice. Ci han portato del tè con i biscotti: a quelli che conosco dico che il tè va giusto bene per lavarsi i piedi, ma in quel caso l'ho bevuto tutto senza fiatare. «Louis, non si offenda, devo farle un rimprovero». Il conte era delicatissimo nel parlare, non ero mica abituato. «Perché è salito lassù?» «Son rimasto alto sul vallone di Fos, così se c'erano dei bracconieri potevo vederli. Son salito piano, facendo attenzione a controllare sempre se potevo tornare indietro». «Sì, va tutto bene: ma si ricordi che la vita è un regalo. È meglio che i bracconieri portino via dieci camosci – non valgono la sua vita. La lascio libero, ma mi prometta che non andrà più lassù». Io ho promesso di non andare più proprio lì: un po' più in là però forse sì. Tanto mica avrei sempre avuto dietro il conte a controllare. Figurati se a quell'età lì si può star fermi: sì, ogni tanto venivano anche quei pochi giorni che non ne hai proprio voglia, sei stanco e allora fai poco, ma per il resto, bisognava andare, fare, lavorare, darne e prenderne con i bracconieri.

Era meglio prevenire che punire, sempre. Fermare i bracconieri era il mio lavoro, punirli un'altra questione. Ma guai a chi cercava di prendermi in giro. Una volta, ero appena rientrato a casa dalla zona del Col Bassac Sud: avevo finito il mio servizio da guardiacaccia, ma sapevo che i bracconieri sarebbero arrivati di lì a poco dalla Valgrisanche. Li avevo visti più volte, ma non li avevo mai riconosciuti. Non lo potevo sopportare. Allora ho rifatto lo zaino e sono ripartito, con mio figlio piccolo che chiamava «papà», e Nathalie che mi diceva: «Ma chi te lo fa fare di far servizio anche di notte». Ero stufo di farmi prendere per il sedere, ecco chi me lo faceva fare: metà lavoro, l'altra metà orgoglio. Sono andato fino a Barmaverain, ho sonnecchiato a quota 2100. Poi mi sono incamminato verso il Col Bassac e lì li ho aspettati. Saranno state le due e mezza, le tre di notte. Con me c'era Zoff, il mio pastore tedesco: un cane in gamba. Se io dormivo, lui montava la guardia – seduto o se no accucciato –, con le orecchie dritte che giravano. Verso le quattro e mezza, lo sento: *Mmmmmh*. Zoff non abbaiava, ruggiva – gli avevo insegnato così. «Stai zitto» gli faccio. Aveva il pelo alzato: «Ci siamo» dico, «arrivano». Passano venti minuti, poi finalmente li vedo spuntare. La notte cominciava a schiarirsi: non era ancora giorno, *neh*, ma con i binocoli cominciavo a vedere qualcosa. Mettono giù lo zaino e i fucili, tirano fuori i thermos, bevono una tazza per uno di qualcosa di caldo, poi infilano di nuovo tutto negli zaini e si incamminano. Li ho lasciati venire verso il Bassac, duecento metri più in basso, fin dove c'è una rampetta. Poi ho detto a Zoff: «Vai, ma non fargli male». Io dietro al cane di corsa. Li ho trovati fermi, uno con il fucile in mano che puntava il cane: se metteva il dito sul grilletto il cane gli volava addosso. «Buongiorno» gli faccio, in *patois*. Quello mi risponde in *patois* anche lui. «Ce lo avete il permesso di caccia?» Tira fuori la licenza governativa e quella regionale: «Non mi interessano quelle. A me serve il permesso della riserva. Se avete quello firmato dai Rossi allora io mi arrendo, anzi: se volete vi accompagno anche a caccia». «Come facciamo?» «Facciamo che tu il fucile lo rimetti sulle spalle, che non hai bisogno di puntare il cane, che se gli dico di saltarti al collo tanto non fai neanche a tempo a spararglì». Zoff quando ha sentito la parola «cane» si è sentito chiamato in causa e ha attaccato a ruggire. «*Ben*. Non è la prima, non è la seconda né la terza: sarà la quarta volta che vi vedo da queste parti e sarà meglio che sia l'ultima. Non voglio più vedervi perché alla prossima non andate più via». Avrei potuto leggere i loro nomi sui documenti – allora non avevo mica bisogno degli occhiali. Ma non c'era bisogno: ci eravamo capiti: mai conosciuti e mai più visti.

Un'altra volta ho fatto passare otto ore rintanato in una buca a un maresciallo dell'esercito, un alpino che avevo beccato a caccia in piena riserva. È stato Zoff a portarmi da lui: mi guardava brutto e scodinzolava. L'ho seguito finché non ho visto un paio di scarpe spuntare da un buco – scarpe con dentro un paio di piedi. Lì ho capito: qualcuno doveva aver avvisato il maresciallo del pericolo e lui aveva cercato di nascondersi. Sembrava un personaggio dei cartoni animati, convinto di essere invisibile con quelle scarpe di fuori. Dopo un po' ho avvistato anche il complice che gli faceva da palo – anche lui un militare, un maggiore – gli mandava i segnali cambiandosi la canottiera: canotta bianca, tutto bene – io mi stavo allontanando; canotta gialla, pericolo – stavo tornando verso il maresciallo. Gli ho fatto passare una giornata a cambiarsi la canottiera, a quello lì – buon per lui che c'era il sole. Gli ho tenuto compagnia per tutto il tempo necessario a fargli passare la voglia facendo finta di non vederlo, finché il maresciallo bracconiere se n'è andato – senza camosci. Poi cosa succede, molto tempo dopo? Mi trovo piantati nel cortile di casa due sci bianchi della naja, con gli attacchi Nepal, buoni per fare sci-alpinismo. C'era un biglietto con scritto solo 'Cambiagli il colore'. Ho capito che era un regalo e ho capito che veniva dal maresciallo della buca, come ringraziamento per avergli dato una lezione discreta. Era uno dei fratelli Stella dell'altopiano di Asiago: tutti nell'esercito per scappare dalla miseria. Il più vecchio era un maresciallo della questura, il secondo un ammiraglio, un altro è diventato generale di brigata, e poi c'erano due marescialli e olimpionici di sci, Roberto che era un generale e il papà che commerciava roba di guerra. Il più giovane, Eraldo, quello che mi ha lasciato gli sci, da piccolino lo avevano perso – non saltava più fuori. Il papà allevava maiali: lo han poi trovato che succhiava dalla scrofa insieme ai maialini. Una povertà nera ed erano senza la mamma: han fatto la fame, per quello han fatto carriera – e li rispettavo.

A dar la caccia ai bracconieri si correvano dei rischi: più di una volta ho dovuto difendermi. Al Col Fenêtre, ne ho beccati cinque sul confine della riserva: avevo sentito lo sparo venire dalla Becca di Tos e visto una femmina di stambecco fare un volo di trecento metri. Quello non è cacciare, è distruggere – mi mandava in bestia. Uccidere per mangiare va bene, utilizzare ogni parte dell'animale ucciso è il miglior modo per giustificare una vita tolta. Ma veder ammazzare per il gusto o sprecare per incapacità non lo potevo sopportare. Però non sapevo chi aveva sparato, quindi non potevo multare nessuno: ma ero così nero che ho cercato di raggiungerli lo stesso. Prima uno ha cercato di farmi fuori tirandomi addosso le pietre, poi quando gli sono stato vicino mi ha messo le mani addosso: mentre gli facevo saltare la rotula col tacco delle scarpe, Zoff ne ha distesi altri due senza morderli. Quando sono poi andati via ho sentito un odore: uno se l'era fatta nelle braghe, mentre il cane gli teneva la zampa sul collo ringhiando. Gli altri due che non avevano fatto niente mi han chiesto il permesso e se ne sono andati: adesso sono due amici – quando mi vedono a Villeneuve mi pagano il caffè.

A un altro che cacciava sul confine nella zona del Benevolo ho fatto uscire la mandibola con il gomito: stava cercando di strozzarmi perché si era offeso quando ero andato a controllare quello che stava facendo. A essere troppo permalosi va a finire che ci si fa male.

Più volte ho rischiato di fare una brutta fine: al Plan des Dames, sotto la Granta Parey dei bracconieri francesi mi hanno sparato addosso. Prima che facessero il Parco Nazionale della Vanoise sul versante di là non era rimasta nemmeno una coda di camoscio e i cacciatori venivano tutti in Italia. Avevo appena caricato un animale ucciso che dall'alto mi hanno fatto la croce col fucile: tre colpi – uno sulla testa e due all'altezza delle spalle. Un avvertimento. Infatti non è finita lì.

Il mio nemico giurato era un francese basso e tracagnotto: quando non cacciava di frodo faceva la guida alpina e lo trovavo spesso al rifugio Benevolo con i suoi clienti. Una sera mi ha invitato a bere, poi ha iniziato a prendermi in giro: una parola avanti l'altra – finché non ho più sopportato. L'ho chiamato fuori e l'abbiamo regolata a pugni: il giorno dopo aveva una faccia che faceva spavento. Se l'è legata al dito. Due o tre anni dopo lo vedo arrivare al Benevolo con delle cartucce di marca Saint-Etienne per me, un regalo: «*Un cadeau pour toi*» dice. Le ho portate a far controllare da un armaiolo: le aveva manomesse e dentro c'era tre volte la carica delle cartucce normali – se sparavo dovevano poi raccogliere i pezzi miei e del fucile. Una volta che sapevo che era di nuovo al rifugio, sono salito all'alba e l'ho chiamato da parte, dove c'è il ponte sul torrente. Gli ho restituito le tre scatolette: «Volevi ammazzarmi, eh?» le ho buttate nell'acqua, «e adesso tu fai la stessa fine». Ho fatto un po' di scena tenendolo fermo col braccio piegato dietro alla schiena, poi l'ho mollato. A ogni modo, da quella volta lì è poi stato zitto – quel delinquente.

In totale, fra guardiapesca, guardia nel Parco e guardia della riserva, ho lavorato trentaquattro anni e sei mesi – chiamiamolo lavoro: alzarmi presto l'ho sempre fatto, camminare non mi è mai pesato, la montagna è casa mia, la solitudine un'opportunità, il pericolo un'occasione per utilizzare al meglio la forza e la testa. Fare la guardia – soprattutto nel Parco, all'inizio – era faticoso, ma niente rispetto ai primi undici anni di lavoro, fatti di schiena piegata e sudore. Messi tutti insieme, anni e mestieri mi hanno portato alla pensione a sessant'anni d'età e quarantacinque di contributi totali.

Poco tempo fa, ho sentito da una guardia che la razza dei bracconieri a quanto pare non è ancora estinta del tutto. «Se tornassi indietro a vent'anni lo faresti anche tu?» mi hanno chiesto. Per come vanno adesso le cose sì, avrei la capacità di cacciare di frodo e farla franca: con le guardie di adesso, le gambe di una volta e la memoria che ho ancora, sarei inafferrabile come un fantasma – per passaggi e valloncelli dimenticati. Ma è sempre stata la fame ad armare il mio fucile, e adesso è appeso a un chiodo. E *bon*, va bene così.

Capitolo 5
Testardi senza paura
domestici

Una volta gli animali e le persone erano più vicini: si passava tanto tempo insieme, nel bosco, al pascolo, a caccia, sui sentieri, nella stalla. Con gli animali vivevi, lavoravi e ti scaldavi. Ce n'erano che proteggevano e guarivano, persino: lo stambecco ha il cuore diviso in quattro da una cartilagine a forma di croce perfetta – i vecchi cacciatori la tenevano addosso o in casa come protezione, altri la usavano in infusione per curare le malattie.

Bestie in famiglia ne abbiamo sempre avute, erano parte della vita: per questo le conosco e ci capiamo bene. Adesso a casa sono rimaste solo tre galline, che mi obbediscono come soldati. Finché non fa troppo freddo stanno nel pollaio che ho costruito sopra la Dora poi, quando le temperature si abbassano, le sposto al riparo perché altrimenti non passerebbero l'inverno. Ma in ogni stagione, quando di sera scendo a chiuderle, le trovo già tutte che aspettano per darmi i bacini col becco. Ce n'è una che comanda: lei viene persino a pulirsi il becco nella barba, quando la faccio crescere lunga. Però tutte e tre se non vado vicino a coccolarle le sento poi lamentarsi borbottando sottovoce.

Degli animali domestici ce n'è che si mangiano, che si usano e che ti aiutano. A questi qui puoi attaccarti moltissimo se sono di quelli che per te darebbero la vita, bestie che quando tu riposi loro mai: i più che mi sono rimasti dentro sono una mula e due cani.

La Nina sono stato io a rovinarla: mio papà l'ha portata a casa nel 1949 che aveva sei mesi e prendeva ancora il latte – l'ho viziata tanto che ubbidiva solo a me, tutti gli altri li caricava. Al 7 di luna crescente le mozzavo persino la criniera perché diventasse più lunga e più bella. Rubavo di nascosto i pezzetti di sapone alla mamma per lavarla: era uno spettacolo, sembrava un cavallo con le orecchie lunghe. Eravamo sempre assieme e io per legarla a me prendevo un quarto di una pagnotta, la mettevo sotto l'ascella e quando era bagnata di sudore gliela davo da mangiare. Quella è una cosa pazzesca: infatti lei sentiva il mio odore da distanze enormi.

Ha iniziato a lavorare a un anno d'età, io di anni ne avevo nemmeno venti: facevamo squadra fissa. È capitato anche di dividere lo stesso spazio per dormire. Per esempio quando negli anni Cinquanta abbiamo costruito le baite di Goletta, sotto alla Granta Parey. Salivamo ogni giorno dal rifugio Benevolo fino al cantiere con cemento, pietre e sabbia, poi, alla sera, finito di lavorare, scendevamo di nuovo a dormire a Les Sauches, vicino al rifugio, perché lassù di erba per la mula non ce n'era. Che poi quelle bellissime stalle per i manzi non le hanno mai utilizzate. Avevano persino le capriate in metallo e il tetto in lamiera: adesso se passi c'è più che i muri in pietra. Per tutto il tempo che abbiamo lavorato lì, si dormiva per terra, in un piccolo stanzino con la porta che non chiudeva bene: rimaneva uno spiraglio di due palmi. La Nina entrava per un pelo e si coricava sul pavimento vicino a me, come un cane. Io la scavalcavo e mi mettevo a dormire contro la sua schiena perché non faceva neanche tanto caldo: per coprirmi avevo solo una giacca e sotto la testa sistemavo le scarpe come cuscino. Però, appena mi sentiva, lei si girava e mi appoggiava il muso sul collo. Tenere le gambe contro la sua pancia per farle stare al caldo non era male, era tutto quel fiato umido sulla faccia che mi dava un po' fastidio.

La Nina era delicatissima, non mi ha mai nemmeno sfiorato con gli zoccoli, neppure quella volta che si è lanciata per fare la guardia. Una notte, verso le tre del mattino, qualcuno entra all'improvviso nella stalla. La mula si alza in un lampo e gli è subito addosso: aggrediva, *neh*. Ha dato un colpo con le zampe davanti che ha spaccato la porta – se lo prendeva, lo liquidava. Poi ha fatto un verso, mi ha guardato e ha come parlato per sapere se aveva fatto un buon lavoro. Io le ho detto: «Sì, sei brava, sei brava».

Quando bisognava ferrarla, il maniscalco zitto: non poteva parlare, altrimenti la Nina si ribellava. Allora ero io che facevo da interprete: «Alza la zampa, abbassa la zampa, non ti appoggiare». Ubbidiva, *eh*: però appena sentiva silenzio girava la testa per controllare che fossi ancora lì. Potevo farle di tutto: entrare sotto le zampe dietro e uscire da in mezzo alle zampe davanti, stringerle la pelle sull'inguine senza che dicesse niente – di solito i muli cominciano a saltellare, quando li tocchi in quel punto lì.

Con la Nina, quando ero giovane, vincevo anche le scommesse. La domenica pomeriggio andavamo coi muli a prendere il vino per un ristorante di Rhêmes: portavamo quattro damigiane a testa da cinquanta litri. Quando le valanghe lasciavano abbastanza spazio per poter passare, venivamo su. C'era una damigiana più piccola con dentro il vin santo: e noi giù a succhiarlo con degli steli secchi di cicoria come cannucce. Un attimo e ti dava alla testa. Allora scommettevamo. Tutti andavano avanti, io restavo dietro e mi sdraiavo in mezzo alla via: la Nina non mi passava sopra e non mi lasciava lì. Mi prendeva coi denti, delicatissima, come una gatta coi gattini: non pizzicava la pelle, prendeva il maglione e tirava finché non mi metteva in piedi. E poi partiva di corsa.

La Nina la conoscevano tutti perché era il carro-attrezzi della Val di Rhêmes. Spesso trovavo dei carri carichi di legname che non riuscivano a salire l'ultima rampetta per arrivare sulla strada provinciale: potevo mica far finta di niente. Allora mi facevo dare delle corde, legavo la mula di punta, e via: in un attimo erano di nuovo in carreggiata.

La Nina lavorava duro e faceva tutto quello che le dicevo perché si fidava, e io mi fidavo di lei. In piena estate andavamo a raccogliere rami secchi verso il Sort, c'era pieno di tafani: un tormento. Arrivati su, prima di iniziare a raccogliere la legna, le toglievo tutto e la lasciavo libera: «Adesso vai, poi ti chiamo quando è il momento di andare». Lei partiva, andava a sfregarsi nei cespugli: spariva e non la vedevo più. Ma bastava un fischio che la Nina rispondeva con un nitrito, dovunque fosse, e arrivava in un attimo. Allora le davo uno zuccherino, la caricavo e via, io davanti e lei dietro: portavamo giù delle cariche enormi. Solo un giorno si è impuntata e non voleva più proseguire, ma quella volta aveva ben ragione lei: un ramo sporgente le toccava il dorso e la fiaccava.

Quando sono partito a militare, papà l'ha venduta: né lui né lo zio Natalino né nessun altro riusciva a farla lavorare. L'hanno poi ammazzata. Una notte che ero venuto in licenza sono andato a salutarla e lei mi ha morsicato: non mi ha fatto male, *neh*. Anche quella volta aveva ragione la Nina: ero stato io a rovinarla.

Zoff è il cane a cui sono rimasto più attaccato. Si chiamava come il portiere della nazionale, perché giocava con mio figlio a pallone: il cane stava in porta e Silvio tirava i rigori. Ogni parata bisognava comprare un pallone nuovo, ma il nome è rimasto. Era un pastore tedesco: gli avevo insegnato a non abbaiare, quindi fra me e lui era tutta una faccenda di ruggiti, ringhi, guaiti e sguardi. Ne abbiamo passate tante, insieme. Abbiamo fatto moltissimi appostamenti notturni ai bracconieri in quota, abbiamo recuperato selvaggina uccisa di frodo, siamo scesi col verricello dall'elicottero del soccorso, abbiamo scalato la Granta Parey – a salire più o meno Zoff se l'è cavata, ma a scendere l'ho dovuto calare con la corda e non gli è piaciuto per niente. Si è lamentato parecchio e ho dovuto consolarlo per un po' prima che mi perdonasse.

Zoff era anche un cane da valanga, è capitato diverse volte in esercitazione di essere posati dall'elicottero in dei posti mica simpatici. Finché sei in volo, stai parecchi metri sotto all'elicottero ed era bellissimo: da lì vedi tutto. Il brutto è quando atterri: una volta che poi sei abituato vieni via di schiena e sei a posto, ma devi essere ben equipaggiato. Un giorno che mi han posato sul ghiaccio sopra La Thuile ho rischiato: sono scivolato, a momenti vengo giù. Da quella volta ci hanno sempre fatto calzare i ramponi prima di partire.

Il corso con il cane per diventare soccorritore da valanga l'ho fatto a Chamonix. Lì, ho bisticciato con l'istruttore: «*Bordel, bordel! Oreiller tu guides ton chien avec ton sac de tête!* Guidi il tuo cane con la tua accidente di testa!» mi diceva. «*Va te faire foutre!*» gli rispondevo. Tanto il mio cane alla sera sul cartello con i punteggi era sempre il secondo su diciotto: prendeva sempre il massimo dei punti, tre su tre. Vicino al mio nome invece c'era sempre zero virgola cinque. Alla fine però all'istruttore gli ho dato anche ragione, perché ce l'aveva: è vero che guidavo. Se ne sono accorti perché con lo sguardo gli facevo saltare le buche vuote, dove non avevano nascosto nessuno. Non avevano torto perché su una valanga vera, dove non sai dove si trovano le persone sepolte, il cane deve fare da solo – il conduttore gli dà delle indicazioni, ma il resto lo fa l'animale.

Uno che invece di ragione non ne aveva neanche un po' era lo psicologo del corso. Se mi parlano di neve, di valanghe e di cani ci sto, ma poi quello attaccava: «Sei sposato?» «Sì». «Hai dei figli?» «Sì». «Quanti?» «Uno». «*Combien des amants*?» «*Cinq!*» Lì lui si arrabbiava perché capiva che non facevo più il suo gioco, ma io mi arrabbiavo più di lui e finiva sempre a insulti.

Una volta, durante un'esercitazione in Valsavaranche, hanno chiuso Zoff nella mia Renault 4 perché non ostacolasse le operazioni e mi hanno sepolto. Erano venute due dita di neve su una valanga vera e la ricerca era più realistica del solito: c'erano dieci buche di due metri di profondità, la metà aveva una persona dentro. Uno ero io. Han fatto l'esercitazione e poi tutti a mangiare all'albergo. Tutti, tranne me. Mi han dimenticato. Dopo un po', qualcuno ha fatto: «Ma Louis?» Berthod la guida è stato il primo a rendersi conto: «Louis ce lo siamo dimenticati». Allora ti mettevano dentro senza le radioline, almeno ti avessero lasciato prendere le sonde, avresti potuto dare un segnale all'esterno. Si stava comodi *eh*, per carità, però era buio, non vedevi l'orologio e non sapevi quanto tempo era passato. Dopo un po' che sono lì, provo a far luce con l'accendino: non parte – allora penso due cose insieme: che l'ambulante che me l'ha venduto mi ha fregato e che comincia a mancare l'ossigeno. E lì la paura fa novanta, cominci a respirare male e vai in affanno. Comunque dopo un paio d'ore mi hanno ben tirato fuori. Il direttore del corso, uno di Cogne, ha avuto il coraggio di dirmi: «Beh, potevi anche chiamare». Ho mangiato in silenzio, scuro in volto, senza rispondere a chi mi parlava. Aspettavo l'occasione per dirgliene quattro ed è arrivata che erano tutti ubriachi tranne me e un altro. Quando qualcuno ha proposto di andare a bere ancora e il direttore del corso si è alzato per seguirlo l'ho brancato con la mano sinistra e l'ho portato alla sua macchina. «Non cercare di tirare, tanto ti porto dove voglio: sali in macchina e sparisci se no a casa non ci torni». Era ciucco, ma che il sepolto vivo faceva sul serio lo ha capito: ha messo in moto ed è partito.

Quando Zoff aveva sei mesi ho recuperato due camosci bracconati e li ho portati a valle: è stata quella la prima volta che ha leccato il sangue della selvaggina – è una cosa che fa impazzire i cani. Da allora, se c'era qualche animale abbattuto vicino al mio zaino o in macchina non ti potevi avvicinare, era un guardiano formidabile. Lui non saliva dietro: stava davanti, vicino al guidatore, dritto sul sedile. Sapeva riconoscere chi mi andava a genio e chi no: se si appoggiava alla macchina una persona fidata non succedeva niente, ma se non era così... sentivi solo i denti – *tatatàn* – contro il finestrino.

Era un bel tipo, Zoff: andava in due in moto e baciava le ragazze. Con la Guzzi si risparmiava parecchia strada e lui riusciva a stare in equilibrio sulla sella dietro di me per tutta la poderale sterrata, fino all'attacco dei sentieri. Si era fatto delle amicizie e quando poteva andava in visita. Aveva un'amica speciale: Paola, una ragazza che era venuta in valle a studiare i gracchi corallini, quegli uccelli di montagna simili a piccoli corvi con il becco e zampe tutti rossi. Tutte le volte che si incontravano si abbracciavano e si baciavano: lui in piedi, con le zampe davanti sulle spalle di lei. Io mai dato dei baci al cane, li guardavo con gli occhi grandi così: «Fate un po' come volete!» Zoff sentiva già dalla macchina quando lei era nei paraggi e cominciava ad agitarsi, finché non mi fermavo. «Vai, ma poi torna, *neh*! Non star via tanto». Lui andava su a salutarla e poi tornava da me, puntuale. Una volta l'ha salvata: Zoff e io eravamo al bivacco della Forestale a Goletta. È un ricovero a semibotte, rivestito di lamiera e appollaiato a Pian Pastùr, una cengia erbosa affacciata sull'alta valle. Si trova all'interno della riserva di caccia, ma è di proprietà della Forestale: si lavorava insieme e noi guardiacaccia potevamo usarlo – per anni per me è stato punto d'appoggio, rifugio, seconda casa. Ci ho portato l'acqua e un'enorme losa, una lastra di pietra che fa da basamento ancora oggi: l'ho consumata a forza di calpestarla. Spesso facevano base al bivacco anche ricercatori e studenti, come Paola. Quel giorno lei era più in basso, in un costone, con tutta l'attrezzatura per osservare gli uccelli. A un certo punto si è avvicinato uno – un amico? un parente? – e l'ha spinta a terra: Zoff ha drizzato il pelo sulla schiena che sembrava un leone. Gli ho detto solo: «Vai!» Tempo di raggiungerlo di corsa, aveva disteso l'aggressore e lo teneva a terra, ringhiando. Se a quello lì non gli avessi tolto il cane di dosso in tempo non l'avrebbe mica raccontata: Zoff non aveva paura di niente, se si trattava di difendere gli amici.

Nel Parco del Gran Paradiso i cani non possono entrare, ma per i guardiaparco si fa eccezione. Quando devi passare ore, notti e giorni interi solo in montagna in servizio di vigilanza o a studiare i gracchi corallini, avere un cane insieme può fare la differenza fra vivere e morire.

Zunda mi ha salvato la vita tre volte. È stata il mio primo cane e ha lavorato con me sia nel Parco che per la riserva: era un pastore tedesco come Zoff e come lui sapeva il fatto suo. La prima volta per cui devo dire grazie a Zunda ero a 2900-3000 metri di quota alle tre di notte, dalle parti del cengione del Roc du Fond: lavoravo ancora come guardia nel Gran Paradiso e volevo prendere i bracconieri di sorpresa, dal versante francese. Non avevo dietro né ramponi né piccozza, non si vedeva niente. A quelle quote non c'è molta scelta: dove finisce la roccia è perché inizia il ghiacciaio. Ci fosse stata almeno la luce della luna, che invade il ghiacciaio come la marea restituendo forme e profili alle cose, forse avrei osato. Ma non col buio. «Lì c'è ghiaccio vivo, mi sfracello» mi son detto. E mi son seduto ad aspettare un po' di luce. Ero ancora abbastanza lucido da aver paura del ghiaccio, ma non più tanto da temere il gelo. Non mi è proprio passato per la testa, che potevo morire assiderato. Mi son sistemato come ho potuto su una roccetta alla base del ghiacciaio e ho cominciato a sentire tanto freddo, sempre più freddo. Poi il freddo passa e ti addormenti. Così si vede che son cascato sulla neve finché non mi sono svegliato per un dolore tremendo: Zunda mi aveva strappato un ciuffo di barba. Aveva ancora i peli tra i denti. Ero tutto bagnato, tutto leccato, ma non riuscivo a respirare. Ho cercato di alzarmi, ma sono caduto. Ho detto: «*Ahiahiahi*, questa volta son via, son già sulla strada». Zunda era arrabbiata, ruggiva: come a dirmi «Brutto cretino». Non stava ferma, forse voleva scuotermi, spingermi a fare qualcosa. Allora mi sono calmato e ho provato a muovermi: ho cominciato a tremare, fortissimo. Il corpo reagiva. Lì ho pensato: 'Per stavolta va ancora'. Ho attaccato a dar calci, calci, calci contro quella roccetta. Ci davo finché potevo, poi mi controllavo le pulsazioni. Zunda intanto aveva cominciato a guaire e non smetteva: «E dai, piantala, che per stavolta non son crepato». Mi son poi dovuto tagliare la barba, ma quella volta Zunda l'ho coccolata come si deve.

Quando finalmente all'alba, col chiaro, sono riuscito a scendere, i bracconieri li ho poi beccati: hanno sparato dentro la riserva di caccia, non dentro ai confini del Parco. Dalla posizione in cui mi ero sistemato potevo vedere tutta la scena: la sentinella che avevano piazzato sul Truc Tsanteleina teneva d'occhio il fondo valle perché non si aspettavano che all'alba fossi già dietro di loro. Ho sentito partire il colpo, ho visto una femmina di camoscio cadere. Mi son detto: «Ce la faccio». I suoi compagni gli facevano dei segnali, ma il bracconiere che ha sparato non li ha visti in tempo e si è portato sull'animale. Quando è arrivato e mi ha riconosciuto non sapeva più cosa fare: è diventato rosso, bianco, verde. Gli faccio: «Ma non c'era un maschio? Ti sarebbe costato di meno. Se non vuoi portarla giù, lasciala pure lì: tanto non hai scampo». Alla fine ha portato il camoscio fino al Benevolo, poi ho contattato mio zio Natalino della riserva che ha fatto il verbale e a questo qui gli hanno fatto la multa: ottomila lire e revoca del permesso.

Anche la seconda volta che Zunda mi ha salvato la vita ero in servizio per il Parco: appena arrivato nello stanzino delle guardie al rifugio Benevolo ho cominciato a scaldarmi qualcosa per cena. Avevo comprato uno di quei minestroni da mezzo chilo dentro le scatole di lamiera, buonissimi. Mangiare, di solito mangiavo poco. Ma quella sera avevo fame e sono stato stupido. Ho finito il pentolino e ancora non bastava, ho mangiato anche un pezzo di fontina col pane, sono uscito fuori dal rifugio e poi... poi mi son svegliato che non so che ora era, Zunda era sopra di me che mi leccava il collo, la sua pancia sopra il mio stomaco: mi sembrava di sognare. Poi mi son detto: «Qui non sogno mica, mamma mia che male allo stomaco che ho, *deh*». La congestione. Vino non ne bevo mai, ma avevo sempre con me una bottiglietta per le emergenze con dentro acqua e Fernet-Branca: ne ho bevuto un po' e mi son sentito meglio. Alla mattina ho poi visto la mia sagoma sulla neve: non c'è mancato tanto.

In tutto, Zunda mi ha salvato una volta dal freddo, una volta da me stesso e la terza dai sassi. Ero ormai passato alla riserva di caccia dei Rossi di Montelera e una sera mi avevano chiamato per radio che erano già le dieci e mezza: «Vieni giù perché domani devi andare ad accompagnare il conte a caccia, fatti trovare qui pronto per le sei». Allora tanto valeva scendere subito, e mi sono incamminato. Zunda stava sempre quei dieci metri davanti a me. Proprio lì dove c'è il salto del lago che si asciuga al di sotto di Changier – se vieni da Cossunnaz in quel punto devi scendere un po' – proprio dove c'è il salto più alto che viene giù sopra Melignon in direzione dell'uscita della galleria stradale, all'improvviso mi è arrivata addosso e mi ha buttato per terra. La scarica di pietre ci è passata sopra per un pelo. Il cane mi ha spostato appena in tempo e mi ha protetto col suo corpo.

Zunda era in gamba: dopo un mese di prove l'ho mandata giù dal casotto delle guardie di Changier fino a Rhêmes a prendermi il tabacco – fanno due ore buone di cammino solo andata. Quando è arrivata in paese, è filata dritta da mia madre: avevo avvertito lei e Nathalie che poteva arrivare Zunda con qualcosa al collo. Dentro avevo scritto di che cosa avevo bisogno. Detesto i collari ai cani, ma lì ero costretto a usarlo per legare il sacchetto con il messaggio dentro. La mamma l'ha visto, l'ha letto, è andata a prendere due pacchi di trinciato e lo ha messo nel sacchetto. Mi ero raccomandato di dar da bere a Zunda – non il latte che non le piaceva –, ma il rosso dell'uovo. Quando è tornata su col tabacco l'ho coccolata e poi le ho dato il premio.

Nel casotto ci stavano due guardie, una dormiva nella branda vicino alla porta e io nell'altra, con vicino un sacco di tela di juta per il cane, che provava sempre a venire a letto con me. Quel giorno le ho detto: «Sei stata brava». Lei non aspettava altro: ha capito al volo. Mi sono messo sotto le lenzuola, Zunda è saltata su e io l'ho lasciata fare: poi voleva infilare il muso dentro alle coperte e lì ho detto: «Eh no, *eh*! Se vuoi star sopra, stai sopra... ma non esageriamo!» Però non si è accucciata come al solito: si è messa lunga tirata, col cuscino sotto alla testa. Ho poi dovuto prendere una maglia per farmi il cuscino: «Eh, *ben*: per oggi è così» mi son detto. Il mattino dopo, tutta contenta, chiedeva già di tornare giù! La sera voleva di nuovo dormire nel letto, ma niente: ha dovuto rassegnarsi.

Una volta è venuto anche il mio turno di salvare la vita a un animale, ma non a un cane: a una manza bellissima. Ero alla baita dell'alpeggio che si incontra scendendo dal Col Fenêtre, un valico alto, stretto, ripido e roccioso che si affaccia sulla Valgrisanche. La baita è a quota 2200 metri, nell'ultimo punto del vallone di Torrent dove è possibile pascolare, prima che il sentiero si impenni fino a perdersi contro le rocce, che dal basso sembra impossibile che porti da qualche parte. Lì c'era anche un piccolo bivacco per le guardie della riserva di caccia, con un letto a castello e una stufa. Intorno c'erano dei manzi allo stato brado di uno di Rhêmes, che di cognome faceva Anselmet. Lui mi diceva sempre: «Tanto che vai su, dai un'occhiata: se c'è qualcosa che non va, telefonami». Un giorno ho visto una manza che stava sempre coricata, si muoveva pochissimo. Ruminava da terra, poco poco, poi rimandava giù. La pancia era gonfia. Ho capito che non stava bene, allora sono andato vicino e l'ho coccolata un po'. Ho provato a darle del sale, ma non lo ha voluto. Lo zucchero, nemmeno. Così ho chiamato Anselmet e gli ho detto di venire su, ma lui niente, se n'è fregato. Allora sono sceso, ho comprato una bottiglia di Fernet-Branca e ho fatto quattro caffettiere. Ho messo mezza bottiglia di Fernet con un po' del caffè in un fiasco, poi ho legato la mucca, le ho messo in bocca un pezzo di legno perché non la chiudesse, e le ho fatto bere tutta quella roba. Lì ha incominciato a tossire, a tossire che non la finiva più. Ho detto: «Qui non basta». Ho versato tutto il Fernet e il caffè che rimaneva – ben zuccherato *neh*, come piaceva a me – e gliel'ho fatto mandare giù. La manza era sottosopra: un attimo stava in piedi, poi voleva coricarsi, poi si alzava in ginocchio, poi le è partita la diarrea. Dopo un attimo ha vomitato – *fiùmmm*! È rimasto un gomitolo per terra. Con un pezzo di legno l'ho toccato: era una calza di nylon piena d'erba, sfido che non riusciva più a digerire, povera manza.

Il giorno dopo, me la trovo in piedi, davanti al bivacco: «Stai meglio, oggi, *neh*! Mi spiace, ho finito il Fernet». Le ho detto. Aveva l'aria di una che si aspetta qualcosa. Allora le ho messo dentro a un piatto del caffè buonissimo, proprio lo stesso identico che prendevo io: da quel giorno non mi ha più lasciato. Se non mi fermavo a dormire al bivacco, quando raggiungevo l'alpeggio era lontana al pascolo con le altre. Però lei anche da distante sentiva che ero io: dalla cima della cascatella arrivava subito al bivacco a prendere il caffè. Non bastava: sorpassava quel piccolo fil di ferro che serviva giusto a tenere lontane le mucche che non sporcassero intorno al casotto, saliva sulla gradinata del bivacco, si infilava sul balconcino, teneva tutto lei lo spazio. Arrivava sempre alle dieci di sera.

La prima volta l'ha fatta proprio davanti al bivacco, allora l'ho minacciata: «Non te ne do più di caffè, se ci riprovi ancora». *Ben*, da allora non ha più sporcato oltre il fil di ferro: quando le scappava vedevi che si girava, faceva tutta una manovra complicata perché era bella grossa, scendeva i tre gradini, passava sopra il filo metallico e lì mollava. Al mattino Zoff non sapeva più come entrare nel bivacco perché la mucca occupava tutto il posto. «E tu passale sopra» gli dicevo. Così lui era sempre lì che guaiva perché faticava a entrare e lei era sempre lì che miagolava perché voleva il caffè. Io lo facevo, ne bevevo mezzo bicchiere e il resto glielo mettevo nel piattino: lo succhiava senza farne scappare una goccia. E poi partiva con le altre tutta contenta.

Quando in autunno è scesa la prima neve, ho telefonato a Anselmet: «Ho messo le mucche nella stalla» gli ho detto, «ma bisogna farle scendere». Così è salito con due suoi nipoti ad aiutarlo: hanno radunato la mandria e son partiti. Era una brutta giornata, nevischiava. Mentre scendevano oltre il bivacco, la manza si è accorta che ero lì: ha lasciato le altre, ha attraversato il vallone che sembrava un camoscio, è venuta vicina e ha piantato due urli. Allora ho preso lo zaino – «Aspetta che andiamo!» – ho chiuso il bivacco e ci siamo incamminati insieme. Lei ha messo la testa dietro la mia schiena, attaccata. Quando siamo arrivati a Rhêmes, non si è nemmeno fermata con le altre a pascolare nell'erbetta fuori dal villaggio: mi ha seguito come un cane fino alla cappellina. Mica potevo portarla dentro casa. Allora sono tornato indietro e l'ho lasciata insieme alle altre. La manza mi guardava, io son stato lì fermo finché si è messa anche lei a pascolare – ma mi teneva d'occhio. Ho fatto una faticaccia per allontanarmi: mi son dovuto nascondere dietro ai muri fino alla mia porta perché non le venisse di nuovo l'idea di seguirmi.

Zunda e Zoff hanno perso la vista presto per colpa del riverbero del sole sulla neve: non sono diventati tanto vecchi. Anche la Nina poteva campare molto di più, se non avesse dato retta solo a me. Ma finché siamo stati insieme li ho sempre viziati: sentivano che tenevo a loro e ci capivamo senza bisogno di parlare. Dicono che a forza di stare insieme, animale e padrone alla fine si assomigliano: di sicuro erano tutti e tre dei testardi senza paura, diffidenti e generosi. Vai tu a sapere chi ha preso da chi.

Capitolo 6
Quando gli stambecchi fanno la rosa
selvatici

Bracconaggio l'ho fatto, sì, ma solo per fame – mai per soldi. Poi mi sono attaccato tantissimo agli animali. Da loro ho imparato più che dalle persone, anche se forse è vergognoso dirlo.

Prima di conoscerlo, consideravo lo stambecco stupido: un po' perché aveva il cervello piccolo e un po' perché invece di scappare, andava dritto incontro al pericolo. Sul versante della Valgrisanche era terreno venatorio, si poteva cacciare senza permessi speciali: il confine della riserva di caccia passava proprio sul Col Fenêtre. Lì i bracconieri sparavano in aria per spaventare gli stambecchi che erano in fondo al colle: quelli, come reazione, scappano sempre verso l'alto – è il loro istinto. Così, un colpo dopo l'altro, venivano su fino a passare il confine della riserva e arrivare a tiro dei bracconieri che – *pam!* – li ammazzavano. È per quello che mi sembravano animali scemi.

Poi, però, li ho osservati a lungo. Una volta al Truc Tsanteleina li ho visti attraversare i ghiacciai. Erano una quarantina, tutti maschi, diretti verso il Roc du Fond e la Francia. Chi comanda è sempre un maschio adulto, sui sei-sette anni. Gli altri stambecchi sono tutti sparpagliati per la morena. Poi, all'improvviso, è come se si dessero un segnale – ma non vola un belato, *neh*. Allora si radunano e in quattro e quattr'otto si mettono in fila indiana dietro allo stambecco che sembra un capitano. Arrivati sul ghiacciaio, lui si blocca e si gira. Fermi tutti. Quindi ripartono, ma distanziati di circa due metri. Quando il primo arriva di fronte a una crepaccia aperta si ferma, annusa, quindi salta e gli altri fanno lo stesso. Se ci sono delle crepacce che sono ancora chiuse, il capitano si arresta, si gira, fa un angolo retto e procede sulla neve finché non trova un punto dove il ghiaccio è solido: e allora avanti, e l'intera colonna lo segue. 'Tutto parte e tutto *vira*'. Arriva alla terminale: è decisamente grossa, non la salta. In effetti saranno almeno due metri, troppo pericoloso. Allora si sposta, costeggiando la crepaccia fino a che non si stringe abbastanza da poter saltare direttamente sulle rocce. Gli altri lo imitano, uno dopo l'altro. È solo quando sono fuori dal ghiacciaio che il capitano dà il rompete le righe e gli stambecchi si sparpagliano di nuovo. Li ho poi visti molte altre volte. Sempre così attenti e ordinati che da lontano potevi prenderli per una compagnia di *chasseurs alpins*. E io che li chiamavo stupidi…

In autunno tornano di nuovo sul versante italiano perché in Francia non c'è l'erba olina, quella che punge il sedere e ne basta un pugno a saziare uno stambecco adulto d'inverno. Matura verso febbraio: andavo a tagliarla verso il Col Fenêtre e la mettevo nel sacco di tela juta per darla ai manzi. Anche per le mucche va bene – però il latte sparisce.

Quando ero ancora guardiaparco, una mattina avevamo dormito in alto. Pascal, l'altra guardia, era rimasto a cucinare mentre io portavo il sale per gli animali a Roletta, sulla dorsale fra la Val di Rhêmes e la Valsavaranche. Io andavo e lui restava: era tipico di Pascal, il famoso *Pantoufle* – un soprannome che si era guadagnato sul campo. Arrivavamo sempre insieme alla casetta dei guardiaparco del vallone di Sort, poi lui si infilava le pantofole e faceva il minestrone, io tenevo su gli scarponi e mi caricavo il sale sulle spalle per portarlo nei punti prestabiliti. Delle pietre da mezzo quintale che ti facevano camminare piegato. Per carità, Pantoufle sapeva anche rendersi utile: aveva seminato l'insalata vicino al casotto per avere la verdura fresca, ma il concime lo avevo portato io sulla schiena da Pian di Feyes. Una volta l'ho beccato sul fatto, quando ci avevano dato le ricetrasmittenti: era brutto tempo e ci siamo riparati tutti e due in grande *balma*, una buca nella roccia – ma lui non si era accorto di me. A un certo punto lo sento che parla via radio con il caposervizio e dice: «Sono sulla Percia, c'è un tempo d'inferno...» Altro che in vetta alla Percia, nella tempesta oltre i tremila metri: stava ben più basso e al sicuro nella buca, il furbo.

Comunque quel giorno avevo fatto veloce: il sale era già messo, il lavoro finito e non avevo tutta questa fretta di tornare da Pascal. Allora ho iniziato a salire e di colpo me lo trovo di fronte: uno stambecco maschio, già in là con gli anni. Mi sono incamminato con lui che stava davanti, a dieci metri. A un certo punto c'erano tre gole, non sapevo quale fosse la migliore. Lui ha attraversato, io l'ho seguito, e quando ha preso la terza gola gli sono andato dietro. Siamo arrivati in cima alla Roletta insieme – c'è uno spiazzo bellissimo –, gli ho anche offerto un po' d'acqua: «Allora cosa dirti? Grazie che mi hai accompagnato». E lui mi guardava. Poi ha fatto un fischio ed è sceso dalla parte di Valsavaranche. Mai detto niente di questo fatto in giro, perché era una cosa strana: in fondo, quello stambecco poteva andare da qualsiasi altra parte – invece mi ha fatto strada fino in vetta. Poi è capitato di incontrare al Colle degli Uomini Rossi, dove tre grosse pietre colorate sorvegliano come tre sentinelle il valico che separa il vallone dell'Entrelor da quello della Vaudaletta, un famoso giornalista che veniva in vacanza con la moglie a Rhêmes. Gli avevo mostrato una via per rientrare che non conosceva e da allora aveva preso l'abitudine di venire sempre a chiedermi consiglio per le escursioni. Al ritorno arrivava a fare rapporto, a ringraziare per i suggerimenti. Una volta mi ha chiesto indicazioni per salire sulla Roletta, ma non gli avevo mica detto niente dello stambecco. Il giorno dopo arriva: «Ho trovato uno stambecco che mi ha accompagnato fino in punta». Chissà, forse sono stambecchi delegati, vecchi, abbandonati – contenti di avere un po' di compagnia.

Ai tempi del re c'era un grosso contrabbando di stambecchi verso la Svizzera. La Riserva reale di caccia del Gran Paradiso era rimasto l'unico luogo delle Alpi dove potevi ancora trovare degli stambecchi: una valle dopo l'altra, erano stati cacciati fino all'estinzione su tutto il resto dell'arco alpino. Erano animali rari, c'era chi li voleva come trofeo e chi invece sognava di riportarli sulle montagne di casa. Allora i contrabbandieri partivano di notte con cinque o sei stambecchi e una capra al seguito, e si spostavano solo col buio. Pare che ci fosse anche qualche guardia della Riserva reale che chiudeva un occhio o dava una mano...

Quando ero già in servizio nella riserva di caccia dei Rossi ci avevano autorizzati a spostarne alcuni esemplari, ne abbiamo portati ventidue a Cervinia e venti in Val d'Ayas. Li prendevamo intrappolandoli con quelle reti di canapa che si usavano per la sicurezza delle piste: ci portavano le reti vecchie le guide alpine di Valtournenche e di Champoluc. Un anno René Chaissard e io ne abbiamo presi due enormi: tirali giù, se sei capace. Era primavera e non erano grassi, ma uno in particolare era un bestione. Mentre cercavamo di spostarlo gli è caduta la benda che gli avevamo messo sugli occhi e – *tac tac* – noi che pensavamo di essere forti siamo caduti lunghi distesi, io da una parte e René dall'altra. *Deh*, meno male che aveva le zampe legate. Comunque alla fine li abbiamo messi sull'Apecar di René, li abbiamo legati con delle corde e li abbiamo portati provvisoriamente in una stalla dei genitori di René, tutta vuota, con una bella stufa di ghisa in centro. Spenta, *neh*. Li mettiamo dentro, li sleghiamo e gli togliamo la benda. Sì, bella idea. Io sono saltato dentro alla greppia delle mucche e mi son coperto con una porta scardinata come se fosse uno scudo. Lo stambecco tirava di quelle sventole lì contro: *badàm, badàm*! Poi si è attaccato con René. E René dove andava? Si è riparato come ha potuto. Lo stambecco gli ha dato una tecca che ha solo più infilato la testa sotto la stufa e da lì non si è mosso. Se si muoveva – *dàn!* – quello gli dava dei colpi sui piedi.

Era un vero lottatore, quel bestione, infatti non aveva un bel trofeo: troppi segni di battaglie, lo vedi dai nodi sulle corna che sono rovinati. Fatto sta che siamo rimasti così per un'ora buona, con lo stambecco combattente che ci teneva sotto tiro. A un certo punto ci eravamo quasi rassegnati a passare la notte in ostaggio. Dei due, René era quello messo peggio, perché ogni tanto lo stambecco gli arrivava sulle gambe: io non lo so come facesse a stare tutto rannicchiato sotto a quella stufa, nella greppia io al confronto ero un signore.

Poi per fortuna è arrivato Toni, un'altra guardia della riserva: «Cosa fate lì?» «Guardaci, secondo te cosa facciamo? Non aprire la porta, prendi la rete che c'è lì fuori e mettila alla finestra». Ci ha impiegato un po' perché ha dovuto forzare la finestra, ma alla fine ci è riuscito: lo stambecco ha provato a uscire da lì, ma è rimasto impigliato nella rete e siamo riusciti a immobilizzarlo.

Il bello di questa storia è che poi qualche giorno dopo è venuto il Comitato caccia a prelevare i due stambecchi, ma… non li ha voluti perché erano troppo vecchi. Così abbiamo dovuto mollarli di nuovo. Abbiamo passato il ponte del Carrè, quel giorno era venuta con noi anche una ragazza, Lidia, per fare delle fotografie. Il primo, il più piccolo, appena slegato è partito. Poi abbiamo liberato anche lo stambecco grande e svirgolo. Quella avrà fatto dieci metri, quindi si è fermato, si è girato e ci ha caricati. Ho fatto appena in tempo a saltare sull'Apecar, René e Lidia si sono barricati dentro. Lo stambecco ha dato una botta all'Ape, poi è salito anche lui sul cassone. Per scappargli sono salito sulla cabina in ginocchio. Lui ha rifilato una testata anche alla cabina, ma poi è scivolato sul metallo e ha deciso di lasciar perdere: ha preso ed è andato via. Si voleva vendicare e c'è riuscito: l'angolo duro del cassone era tutto piegato e Lidia aveva una paura che non parlava neanche più. Però in effetti, come dice mia moglie Nathalie ogni volta che racconto questa storia, eravamo in torto noi a essere andati a disturbarlo a casa sua.

È capitato anche un'altra volta di catturare uno stambecco troppo vecchio, ma lì il nostro capo ce l'ha detto subito di lasciarlo andare perché tanto non andava bene. Però prima di liberarlo è andato a casa e insieme a René gli hanno dipinto le corna di vernice bianca, per poterlo riconoscere. Lo stambecco non era molto d'accordo, e tienilo tu se riesci: tutti e due si sono conciati che per lavarsi hanno fatto andare dei litri di acqua ragia. Adesso gli mettono quei collari che stanno anche male, stambecchi e camosci non sembrano neanche più bestie selvatiche: invece il nostro stambecco faceva la sua figura con le corna bianche. Lo riconoscevi benissimo: in autunno lo abbiamo visto al ghiacciaio del Pellaud, quindici giorni dopo era al Mont Blanc di Rhêmes-Saint-Georges e dopo l'hanno avvistato a Ceresole Reale, di qua delle Levanne. Alla fine l'ho trovato io: un corno rotto, metà del teschio e l'altro corno ancora quasi bianco. Quando il guardiaparco Genesio Berard ha visto lo stambecco al Pechoud dopo il trattamento di bellezza ha chiamato di corsa il caposervizio: «Vieni a vedere cos'è!» Romeo Dayné non si è mica scomposto: «Son di sicuro le guardie della riserva che lo hanno preso e gli han dato una mano di biacca». Beh, ci aveva visto giusto.

Bianco del tutto era invece lo stambecco albino del film con Ornella Muti. Peccato che fosse un caprone. Elio Colli, una guida di Champoluc, si era procurato un maschio di caprone con le corna già lunghe. Gliele ha rifatte di vetroresina e lo ha dipinto di bianco: al Pellaud, con il profilo della Treutze sullo sfondo e i riflettori puntati era fin credibile. Aveva una puzza tale e quale agli stambecchi, ma dalle zampe e dalle gambe l'ho conosciuto subito che non era autentico. Una signora del Pellaud, Anne, mi ha chiesto se ero stato io a catturarlo, pensava che fosse vero. Le ho spiegato che era stato Elio e che era un caprone truccato apposta per fare un film: ma lei non se l'è mica bevuta questa storia del cinema e insisteva perché lo denunciassi per furto di stambecco.

Quando sono stato sul set, Elio mi ha chiesto se volevo vedere la Muti: beh, non dico che fossi lì apposta, ma quasi. A me il cinema a dir la verità non piace tanto: a naja mi hanno portato a vedere un film con la Lollobrigida, ma non sono nemmeno riuscito a guardarle le gambe perché ho dormito tutto il tempo. Però Ornella Muti dal vivo era un altro paio di maniche. Allora siamo andati a bere il caffè nello stesso bar dove c'era lei che leggeva. Elio le è andato vicino apposta per darle fastidio con l'odore di caprone: «Vai via che puzzi!» gli ha detto, ma si vedeva che stava scherzando. E lui: «Vieni fuori a vedere un bel maschio». Era proprio bella quando rideva.

Le femmine sono formidabili, in tutte le razze. In quarant'anni che gli son stato insieme, più che davo affidamento era la femmina di stambecco: una cosa incredibile, specialmente per i pericoli. Se uno le segue e le osserva riesce a capire se c'è pericolo di valanghe oppure no. Non sbagliano: fiutano il pericolo e si nascondono prima dei distacchi.

Tante femmine però muoiono non di vecchiaia e nemmeno sotto alle slavine: muoiono perché non hanno più incisivi. È colpa del maschio, che invece è l'essere più cretino che esiste, in tutte le razze. Nei mesi di dicembre e gennaio c'è il periodo degli amori: allora maschi e femmine stanno insieme e va tutto bene. Poi i maschi ti abbandonano e tu? Grattati. Nel resto dell'anno le femmine sono da sole coi piccoli e devono arrangiarsi. Vanno sui cigli delle rocce e mangiano con il piccolo nascosto sotto alle zampe per difenderlo dagli attacchi delle aquile. Ma proprio quando hanno trovato qualcosa di buono, sul più bello arrivano 'sti testoni – due cornate e le mandano via. Così le femmine sono costrette a mangiare quello che trovano, nei mesi più duri poca erba e tanta terra che consuma i denti. Ne ho trovate diverse sui sei-sette anni, morte di fame nelle *balme* senza più incisivi.

Di buono gli stambecchi maschi hanno che sanno prevedere l'arrivo di una nevicata, sentono la neve in anticipo. Una volta ero a Les Sauches, sotto al rifugio Benevolo. Era novembre, una bella giornata tranquilla, e gli stambecchi erano già tornati dalla Francia. Si sono messi in cinque intorno a un dosso erboso, tutti stambecchi di mezz'età, sui sei-sette anni. Hanno poggiato il muso sul dosso in cerchio e sono stati fermi mezz'ora, come addormentati. Se arrivava un bracconiere non ne lasciava uno in piedi. Dall'alto le loro corna vicine formavano una grande rosa. Dopo una mezz'ora hanno rotto il cerchio e ciascuno ha ripreso a farsi gli affari suoi. Subito non ho capito, non mi sono dato una spiegazione per quel comportamento. Il giorno dopo è caduto mezzo metro di neve. Li ho visti fare la stessa cosa altre volte, sempre in cerchi di tre o cinque animali, radunati intorno a una collinetta o a una roccia. E sempre subito dopo ha nevicato. Allora lì ho capito che quando gli stambecchi fanno la rosa è come un rito che annuncia la neve. Avranno anche il cervello piccolo, ma dentro c'è tutto.

I cuccioli di stambecco sono bellissimi. Ce n'è uno che non posso dimenticare. Era il 1993, l'anno prima della pensione. Ero salito al bivacco della Forestale, a Goletta. Lì vicino vedo una femmina di stambecco da sola. 'Che strano' penso, 'avrà perso il piccolo'. Ho guardato un po' lì intorno, ma non ho visto niente. Poi, avevo appena iniziato a scendere, a momenti lo pesto: avrà avuto tre giorni, era così debole che non stava nemmeno in piedi. Teneva la testa giù, sembrava più morto che vivo. *Ahiahiahi.* Non volevo toccarlo, ma mi sono detto che tanto era senza speranza. Non avevo niente da dargli, allora sono sceso a valle, ho preso del latte condensato a tubetti, sono risalito e gli ho schizzato un po' di latte in bocca, tenendola chiusa perché mandasse giù tutto. Poi l'ho lasciato lì: non pensavo che ce l'avrebbe fatta. Il giorno dopo torno a vedere: lui era già lì, in piedi, accanto alla mamma. Quando mi sono avvicinato la mamma si è allontanata di trenta metri e ha aspettato. Io ho tirato di nuovo fuori il tubetto e lui questa volta sembrava contento dell'idea, ciucciava il latte e scodinzolava. Ho poi dovuto comperarne uno che usavo solo per lui. Dopo una settimana di allattamento, appena mi vedeva arrivare lasciava la madre e mi veniva incontro. Non facevo in tempo a sedermi che attaccava a leccarmi la fronte salata di sudore e mi saltava sulle spalle. Gli davo il latte e si lasciava coccolare. Poi era tutto ringalluzzito e voleva giocare: mi dava le testate con le sue cornine. Erano piccole, ma sapeva per istinto come usarle, con la testolina bassa. Siamo andati avanti per un mese: ho visto che prendeva il latte dalla mamma, ma solo da una parte perché dall'altra la mammella era rovinata dalla mastite. Un giorno sono salito e lui non c'era più.

L'anno dopo ho smesso di lavorare: l'ultimo sale l'ho ancora portato a quello stesso bivacco. Lì intorno c'erano quattordici animali, che si sono spostati mentre mettevo il sale e subito dopo si sono fatti vicini per leccarlo. Da quelli si stacca uno stambecchino di un anno, con un bel nodo sulle corna. Mi guarda, si avvicina, annusa. Ci siamo riconosciuti. Gli ho dato dello zucchero, ma non l'ha più preso dalle mani, gliel'ho dovuto lasciare su una roccia. 'Fatti dare una carezza' pensavo. 'L'ultima carezza, dai. Poi ci salutiamo per sempre. Dai. Forza. La mano tesa. Lasciati prendere solo per una zampa, poi ti lascio andare'. Lo stambecchino si è allontanato: faceva due passi, poi si girava. Due passi, e il muso all'indietro. Ma anche a due passi per volta si va via. Lì ho poi pianto: 'Divento vecchio' ho pensato.

Non solo con gli stambecchi, anche con altri animali selvatici sono andato d'accordo. Per esempio, dentro al bivacco della Forestale c'era un'arvicola, una specie di topolino rotondo. Quell'animaletto lì non ha mai toccato la mia roba: si faceva avvicinare, le mettevo le briciole sulle ginocchia e lei veniva a mangiare. Mi ha anche fatto vedere i suoi piccoli: li sgridava squittendo forte perché non se ne andassero in giro. Poi arrivavano i forestali, che erano i proprietari del bivacco. Posavano la giacca della divisa sulla panca e dopo mezz'ora era già tutta bucata dai dentini dell'arvicola. Gli agenti volevano ammazzarla. «Provateci» dicevo. «Non è mica una specie protetta» ribattevano. «È una specie a protezione completa e speciale, invece – la mia: se la toccate vi faccio il verbale». «Avresti il coraggio?» «Lo credo ben!»

Gli animali fanno spesso cose che gli uomini non capiscono. Io ho sempre avuto il vizio di cercare di capire il perché e il percome di quello che vedevo. Tante cose ho visto, che la memoria e le parole non bastano per raccontarle tutte. E forse nemmeno il tempo.

Per esempio, insieme a mio zio Natalino abbiamo scavato le tane dei tassi per una settimana per capire come vivono. Quello che mi ha stupito di più delle loro tane è che c'è tutto: un posto per dormire, una sala giochi per i piccoli, persino il gabinetto con lo sfiato! Il tasso è un animale molto pulito e mi piace anche perché è un distruttore di vipere, e io ho il terrore delle vipere. Quando il maschio chiama, la femmina lo raggiunge e iniziano a ingrovigliarsi, è in quel momento che arriva il tasso e le fa fuori. Ben fatto.

Abbiamo scavato anche le tane delle marmotte: come quelle dei tassi sono bellissime – lunghe, profonde, asciutte. Nelle sale dove vanno in letargo portano dell'erba secca, il soffitto è fatto a cupola ed è tutto di terra. Le marmotte sono degli ingegneri: la volta rotonda è molto stabile e la terra assorbe un po' di condensa, se ci fossero delle rocce non funzionerebbe mica. Se una marmotta è ferita non la lasciano andare in tana: troppo pericoloso per le malattie. Quella che rimane fuori da sola allora è condannata: su a Les Sauches ho finito una marmotta ferita, tutta spelacchiata alla base della coda, che non avevano fatto entrare e stava morendo di stenti.

Le marmotte seguono la luna: vanno in letargo con l'ultima di settembre – che è già ottobre – e si svegliano con l'ultima di marzo – che è già aprile. Escono fuori con qualsiasi condizione, anche a costo di bucare cinque metri di valanga che è caduta proprio sopra l'ingresso della tana. Qualche volta, quando non c'è abbastanza neve sul terreno e capita che piova di giorno e geli di notte, se vengono troppi giorni di freddo secco il gelo scende in profondità, le prende nel sonno e non lascia scampo.

Un anno ho preso delle marmotte e le ho portate in cantina, sul fieno: così ho potuto osservarle tutto l'inverno. Prima di andare in letargo bevono finché dall'intestino esce solo acqua. Nello stesso tempo, cominciano anche a crescergli tre specie di capezzoli, uno in corrispondenza della bocca e due in corrispondenza del naso. Quando si appallottolano una vicino all'altra per andare in letargo, con quello della bocca tappano il sedere e si gonfiano come ciliegie. Il cuore batte lentamente, ce n'era una che non aveva più di sette-otto battiti al minuto. Non è vero che il grasso lo utilizzano nel periodo del letargo: quelle che ho portato a casa hanno perso pochissimo peso durante l'inverno. È quando si svegliano che per loro è dura, perché sovente c'è ancora troppa neve e quasi niente da mangiare: devono stringere la cinghia magari anche per quindici giorni e perdono molto peso. In cantina si sono svegliate con un po' di anticipo e non erano tanto soddisfatte della sistemazione: mentre le riportavo dove le ho trovate mi hanno morsicato.

Niente viene perso nel mondo animale: adesso che c'è anche il gipeto a mangiare le carcasse, non restano nemmeno più le ossa. La pelle la rosicchiano i topi, persino lo sterco sparisce. Del pelo se ne occupano gli uccellini – o le volpi.

La volpe è molto furba, ma è talmente sporca: porta da mangiare ai cuccioli dentro la tana e puzza da far schifo. Una volta, ero giovanissimo, parto al mattino presto e arrivo a Barmaverain. Lì mi sono fermato sul piano, dove viene giù il torrentello della Vaudala: in quel posto si formano dei piccoli laghetti, delle specie di pozze con qualche palmo di acqua dentro. E lì ho visto una volpe che raccoglieva il pelo. Stambecchi e camosci in primavera fanno la muta e per liberarsi della pelliccia invernale si grattano e si strofinano contro le rocce, lasciando giù dei grossi ciuffi. Questa volpe li stava raccogliendo con la bocca. All'inizio ho pensato che stesse mangiando qualcosa. Però poi ho visto che non deglutiva mai e il batuffolo tra i denti diventava sempre più grande. Ho pensato che i peli servissero per rendere più comoda la tana. Ma non era più il periodo: era estate e a quell'ora i piccoli sono svezzati, sono già via. Non capivo. A un certo punto, quando ha avuto un batuffolo bello grande in bocca, è andata vicino al laghetto, si è girata e ha ingranato la retromarcia. Ha messo la punta della coda nell'acqua, poi la coda intera, la pancia, poi ha lasciato andare le zampe davanti e alla fine è rimasta con solo la testa fuori. Ho preso il lungo per vedere meglio: era rimasto solo il naso fuori con questo batuffolo di bianco. E continuavo a non capire. Dopo circa dieci minuti che era tutta sommersa, la volpe ha mollato il batuffolo, l'ha lasciato che gironzolava sull'acqua, si è scossa come fanno i cani e se n'è andata via. Questa storia mi ha lasciato un po' lì.

Quando sono tornato a casa era già sera tardi, ho mangiato un piatto di minestra mentre c'era mio papà che leggeva. Me lo vedo ancora come fosse ieri, perché quella volta mi son quasi offeso. Leggeva un pezzo di giornale, un foglio già strappato, non so cosa fosse. Sul naso aveva un paio di occhiali senza una stecca, tutti storti da una parte. Sembrava che non avesse neanche ascoltato tutta la storia della volpe e del batuffolo, poi all'improvviso mi fa: «Quanto sei cretino, è una cosa elementare». E basta. Io ci son rimasto un po' male, ma non ho detto niente: «Sarà. Ciao, buona notte» e me ne sono andato a dormire. Il giorno dopo sono partito al mattino presto, verso le quattro, quattro e mezza: papà si è alzato anche lui – la mamma era già sveglia da un pezzo. Mi ero già incamminato verso il ponte per salire verso il Sort o l'Entrelor quando lo sento chiamare. Allora sono tornato indietro. «Dove vai?» «Lo sai bene dove vado, ci andavi anche tu prima». Già che lo sapeva dove andavo: a fare il bracconiere. «Scusami, ieri ti ho offeso. Ma è davvero una cosa elementare quella che fa la volpe, anche i bambini lo sanno». 'Son proprio scemo' ho pensato. Lui zitto, mi guardava e non diceva niente. «Vieni qua, adesso devo dirtelo». «Se vuoi, tanto non cambia niente» facevo finta che non mi importasse. «La volpe fa così per far andare i parassiti sul batuffolo, poco per volta. Poi quando si è liberata di pulci, pidocchi, zecche e tutto il resto lo abbandona nell'acqua». Certo che dopo che te l'han spiegato sembra una cosa semplice.

Dagli animali, ho imparato anche la vendetta e il perdono – anche se per me l'ultima lezione rimane un po' difficile: dipende sempre da cosa ti hanno fatto. È dove ci sono i combattimenti più feroci che puoi trovare anche i più clamorosi gesti di perdono: nella stagione degli amori, quindi.

Per esempio ho visto lottare due maschi di marmotta: iniziano circa un mese e dieci giorni dopo che sono usciti dal letargo. Si sono menati proprio lì, a Les Sauches, dentro a quei ruderi che ci sono sotto al rifugio Benevolo. Erano rossi di sangue. Alla fine del combattimento, uno ha ceduto ed è rimasto immobile. Il vincitore alzava la coda, faceva il gradasso. È andato dentro a una tana, poi è uscito ed è tornato vicino al rivale sconfitto. Quello quando è arrivato si è alzato, lo ha abbracciato dritto sulle zampe dietro, poi è morto. Non so se il vincitore fosse tornato a chiedere perdono, ma di sicuro il vinto prima di morire lo ha perdonato.

La stessa scena l'ho vista fra due camosci. Con queste corna uncinate che hanno si tranciano i testicoli, si fanno uscire gli intestini di fuori. Il camoscio è un criminale, ha una resistenza che fa paura. Li ho avvistati che mi sono passati davanti nel vallone di Fos, poi li ho visti sparire nella Gran Vaudala, sono ricomparsi sul testone in alto nella valle e sempre rincorrendosi sono risaliti in cima al vallone di Fos, poi li ho persi di vista. Alla fine della battaglia uno dei due camosci ha agganciato l'avversario nell'inguine e gli ha dato il giro. Gli ha strappato la pancia, mentre l'altro era già a terra. Quello caduto ha cercato di rialzarsi, ma il camoscio più forte lo ha buttato giù di nuovo e gli ha aperto i testicoli. Poi si è allontanato con il muso alzato in segno di vittoria, la criniera dritta sulla schiena. Dopo qualche minuto è ritornato, si è coricato vicino al camoscio immobile e lo ha annusato. Pensavo che l'altro ormai fosse andato, invece ha avuto ancora la forza di alzarsi sulle zampe anteriori e di leccarlo. Poi, il vincitore è andato via e non è più tornato indietro. Il giorno dopo sono andato a vedere: il camoscio ferito era ben morto, sfracellato. E lì ho pensato che loro, animali, sono capaci anche di perdonare e io invece, uomo bestia, no. Se mi avessero conciato così e avessi avuto ancora un po' di forza mi sarei ribellato. Fino all'ultimo.

Dalla parte opposta del perdono c'è la vendetta: anche fra gli animali ce n'è che ricordano e non porgono l'altra guancia. Un giorno, verso le quattro del pomeriggio, vedo sotto di me sul pendio la vipera e l'ermellino col pelo rossiccio che la stuzzica. L'ermellino era velocissimo, scattava di qua e di là, la faceva ammattire. Tanto ha fatto finché la vipera è entrata in un buco e lì si è incastrata, con l'ermellino che la teneva ferma. Ci ha messo tre quarti d'ora a morire e lui non si è mosso, non l'ha mai mollata. Quando la vipera ha smesso di muoversi, l'ermellino è uscito con uno di quelli scatti a velocità pazzesca: ho pensato che stesse per mangiarla, invece niente, se n'è andato. Il giorno dopo sono salito quasi apposta per vedere se la vipera era ancora lì: c'era, e il terzo giorno pure, tutta coperta di insetti. Perché l'ermellino l'aveva provocata? Perché l'aveva uccisa? Non per nutrirsi – a mangiarla ci hanno poi pensato i corvi. Secondo me lo ha fatto per vendetta: la vipera gli aveva ucciso i cuccioli.

Tante cose ho visto: tutto quel che ho potuto l'ho imparato o per lo meno ho cercato di capirlo. Giorni e notti da solo in quota, cane e cannocchiale come compagni. Centinaia di chilometri fuori sentiero, in valli e valloni dimenticati dai turisti, lungo creste e passi che la maggior parte degli alpinisti non ha mai sentito nemmeno nominare. Ho visto i forcelli darsi battaglia sulla neve: interi versanti rivolti a nord trasformati in pollai di galli neri, mentre le femmine ascoltano e aspettano sulle piante. Ho visto la pernice delle nevi sciare con le sue zampe fatte per il freddo, con le scaglie sotto e il pelo fino all'unghia. Ho pedinato nella pioggia la coturna coi piccoli: volevo catturarne uno con la mantella di loden per vederlo da vicino – ma con le loro robuste zampette e la piccola testa rossa sono riuscite a farmi cambiare idea. Ho visto l'aquila portare via la marmotta e ho imparato che in vecchiaia le tocca morire di fame perché l'uncino crescendo le impedisce di aprire il becco. Ho visto tornare il lupo e il gipeto, ho visto i ghiacciai ritirarsi e il bosco avanzare, ho visto i campi della valle abbandonati o costruiti, le case vecchie crollare e quelle nuove riempirsi e svuotarsi di gente che ritorna – ma non resta. Ho visto amici e colleghi andarsene uno dopo l'altro, portati via dalla vecchiaia, dalla solitudine o dalla malattia. È cambiato quasi tutto, dal tempo della volpe e del batuffolo: adesso chi studia gli animali usa metodi diversi e sa tante cose che io non ho mai studiato – mi sarebbe anche piaciuto – e che da solo non sono riuscito a scoprire. Forse, però, quel che manca a molti è quel qualcosa che viene dopo che hai condiviso con i selvatici la stessa terra, aria e cielo per una vita intera.

Capitolo 7
Pericolo sette
neve

Quest'anno la prima neve è scesa a novembre: chissà se resterà a far da fondo a quella che verrà, a isolare dal gelo le marmotte nelle tane, a offrire riparo ai galli forcelli che ci si seppelliscono per non morire di freddo. Subito dopo essere scesa, la neve ha iniziato a precipitare: le pareti rocciose a picco sopra a Rhêmes sembrano fatte apposta per lasciarle formare accumuli pericolanti che vengono giù all'improvviso. Un crollo innesca l'altro e lo moltiplica finché alla base della falesia non si depositano dei festoni di bianco sporco, che si sciolgono solo in primavera. Le ho viste arrivare dappertutto, le valanghe, travolgere senza pietà le case e le persone. Le chiese no e le cappellette nemmeno: lì la slavina si divide sempre in due, fa come una lingua di serpente – ma gentile. E la croce rimane dritta in mezzo.

So sempre la temperatura che fa e il tempo che farà: ho trasmesso dati nivologici in Regione per trent'anni – guardare il cielo e misurare la neve sono due vizi che non si perdono facilmente. Ho ancora tutto: tengo gli attrezzi del mestiere in una scatola rettangolare di metallo – schede da compilare, matita, sonda, dinamometro – ogni cosa pulita e al suo posto, pronta per essere buttata nello zaino. Anche se è già da qualche anno che la maggior parte dell'inverno la passo in tana, come le marmotte: in mezzo alle quattro mura seminterrate dove sono cresciuto, che un tempo erano stanza e stalla e adesso sono laboratorio di falegnameria e ripostiglio. È il mio nascondiglio: chi mi conosce bene sa dove trovarmi – di tutti gli altri non mi interessa. Neve fresca, neve al suolo e densità le misuro vicino a casa, con le mie aggiunte ai metodi ufficiali, non proprio omologate, ma efficaci.

La previsione su cui ho avuto più ragione affidandomi ai miei sistemi è stata anche quella che mi è dispiaciuto di più di aver indovinato. Era una mattina d'inverno del 1981 e nevicava: mi alzo e do un'occhiata fuori – c'erano quaranta centimetri di neve fresca e venti o trenta femmine di stambecco sui pendii. Tirava vento di tormenta, con raffiche violente. Mi dico «*Ahiahiahi*, qui è brutta. Eppure loro son fuori». Non capivo. Faccio tutte le altre misurazioni, però quando viene il momento di mandare giù il grado di pericolo non sono ancora sicuro. Entro le otto del mattino bisognava telefonare e trasmettere le informazioni, il messaggio era in codice e la telefonata era registrata. La scala che si usava a quei tempi andava dal grado uno, che era il rischio minimo, al grado otto, che era «catastrofe con vittime». Avevo in mente di trasmettere il rischio tre, poi alle otto meno cinque esco fuori una seconda volta: le femmine di stambecco erano sparite. Prendo il telefono e mando giù il sei.

Verso le dieci mi chiamano da Aosta: «Di', Louis, hai

bevuto?» «Io no, impossibile: qui non c'è nemmeno un bar aperto. Anzi: qui non c'è nemmeno il bar». «Berthod dalla Valsavaranche mi manda il due, Béthaz dalla Valgrisanche mi manda il due, e tu dalla Val di Rhêmes mi mandi il sei? In Val d'Aosta siete quattordici in tutto e tu sei il più pessimista». «C'è vento, c'è pericolo: fosse adesso, ti manderei giù anche il sette!» «Non esageriamo!» «Se non ti fidi, fai una bella cosa: non dare retta a me. Però allora vieni su, ti porti via quelle quattro cartacce da compilare e la facciamo finita» – chiusa la telefonata.

Saranno state le tre del pomeriggio. Il mio collega Béthaz – che era anche il sindaco di Valgrisanche e faceva lo stradino – rimane sepolto sotto dodici metri di neve mentre sta pulendo la strada per dei turisti belgi che avevano fretta di rientrare. Lo hanno poi trovato dopo parecchi giorni: persino l'Unimog spartineve su cui lavorava era sfasciato – roba tedesca, robusta. Quello stesso pomeriggio in Val di Rhêmes una slavina attraversa il ponte sulla Dora e copre una stalla a Frassiney. Poco lontano, a Proussaz, un'altra valanga distrugge il muro in pietra della casa di un guardiaparco facendo crollare un trave di larice sul letto dei bambini – per fortuna erano nella stalla e nessuno si è fatto male. Nelle ore successive la neve si è stabilizzata e anche la situazione. Giorni dopo sembrava tutto dimenticato.

Invece una volta me li vedo arrivare – i tre responsabili del servizio nivologico della Regione: cercavano me, volevano sapere. «Su qualcosa ti sarai ben basato per fare la tua previsione: diccelo, vogliamo capire». «Certo che ho i miei metodi – le misure mica me le invento: ma è inutile dirvi cosa osservo, tanto non mi credete mica». Gliel'ho poi spiegato solo quando sono andato in pensione che le femmine di stambecco spariscono minimo sei ore prima delle slavine.

Anche un'altra volta il direttore in persona è venuto a Rhêmes per verificare com'è che prendevo le misurazioni – questa volta ce l'aveva con la densità della neve e il numero degli strati. Ogni nevicata deposita uno strato di neve che si trasforma in base all'umidità dell'aria, alla temperatura, al vento e altro ancora. Dopo un po' di volte che nevica, il manto nevoso è come se fosse un libro con molti fogli: ogni foglio è uno strato che racconta la storia della nevicata che lo ha depositato e delle trasformazioni che la neve ha poi subìto. Saper contare e leggere le pagine, cioè gli strati della neve, è fondamentale per capire se c'è da fidarsi, se i fogli sono ben legati oppure se il peso di un uomo può bastare a farli scivolare uno sull'altro. «Ti faccio vedere» gli ho detto. «Basta che non mi porti sotto a una valanga» mi fa. Siamo andati a Chantery e lì abbiamo lavorato sulla stessa neve per contare i diversi strati: lui però con la sonda apposta e io a braccio nudo. Il direttore ne ha contati quattro, io cinque: la pelle aveva vinto sul metallo – con la sonda l'ultimo strato, che era sottilissimo, non riuscivi mica a sentirlo.

Negli ultimi anni è nevicato molto meno: Rhêmes e le sue montagne d'inverno si sono svuotate di neve e riempite di persone. La pista da fondo attira molti turisti, poi c'è lo sci da discesa a Chanavey e la stagione dello sci-alpinismo che non inizia più in primavera, ma appena cadono cinque centimetri di neve. Non c'è più tanto da spalare, in compenso rischi di romperti il muso sul ghiaccio vivo nei passaggi fra una casa e l'altra. Negli anni Settanta, invece, non c'erano ancora alberghi né piste e nel villaggio c'erano più metri di neve che residenti: eravamo in cinque – io, Nathalie e Silvio più un giornalista e un guardiaparco, *bon*. Nell'inverno del 1970 c'era così tanta neve – due metri e sessantadue di stabile – che Silvio l'abbiamo perso. Era uscito dalla finestra su una tavola che avevo messo apposta ed è scomparso. L'ho trovato appena in tempo: son riuscito a prenderlo per i piedi mentre stava sparendo in una *tampa*, una buca, nella trincea che avevo scavato. Andava via come la talpa, una tutina rossa in mezzo al bianco. Quell'anno lì è arrivato l'elicottero dell'esercito con i rifornimenti: siamo rimasti isolati più di venti giorni senza la luce.

Con le valanghe non si scherza: il villaggio vecchio era stato costruito proprio al limite della zona di caduta – con la chiesa a proteggere il municipio e le case sul lato peggiore, quello sinistro. Lì, dalla curia, anni fa ho visto un accumulo di decine di metri di spessore, le lapidi del cimitero spaccate e divelte dalla valanga: era la slavina tremenda che una volta partiva dalla Grande Rousse a 3300 metri di quota scendeva sul ghiacciaio del Torrent e di lì – quando il ghiacciaio era più alto – scavalcava una crestina e finiva nel vallone del Fenêtre, innescando l'ultimo crollo – quello che dava il la alla valanga capace di finire al villaggio Oreiller. Nemmeno in mezzo alle case eri al sicuro. Nel 1949 non era scesa neve: un inverno secco – tanto gelo e brina dappertutto, ma neanche un fiocco. Quell'anno lì, insieme a uno zio, abbiamo tirato su uno sgabuzzino in muratura dove adesso hanno costruito le villette, l'anno dopo è stata aggiunta una parte in legno e paglia pressata con il cemento: era un piccolo bar con una macchina del caffè a gas da due tazze. Bastava giusto per i primi turisti che salivano con le macchine d'estate. Ma nell'inverno del 1950, verso le quattro del mattino, si è sentito un colpo enorme. I vetri hanno tremato. A giorno fatto abbiamo visto che lo sgabuzzino non esisteva più: le sedie del *dehors* erano finite sui larici dall'altra parte della Dora, i trenta chili di macchina del caffè li abbiamo poi trovati piantati nel versante come una palla di cannone, a centinaia di metri dal villaggio. E quello era stata solo l'aria a farlo, *neh*?

Bisogna avere rispetto della montagna: non vuol dir niente se la valanga non scende per cinquant'anni – sono tanti per un uomo, ma per la natura sono niente. Persino i vecchi villaggi, costruiti quando c'erano più neve e più prudenza, qualche volta venivano danneggiati o sepolti: nel 1918 alla Chaudanne la valanga scesa dalla Treutze ha scoperchiato quasi tutte le case e seppellito vive dentro parecchie persone – erano scesi tre metri di neve in quarantott'ore, sono poi riusciti a tirarle fuori. Da Rhêmes si sentiva la campana della chiesetta del Pellaud suonare, ma non c'è stato verso di salire a vedere cos'era successo. A noi lo hanno raccontato il papà e la mamma di Nathalie, che erano dovuti sfollare dalla nonna perché in casa era arrivata la neve in mezzo ai letti: e dire che la Chaudanne e il Courthoud erano considerati i due villaggi più sicuri. Sicuri un corno. Dicono che le nevicate e le valanghe abbiano cicli regolari, che dopo un secolo ritornino: non è che sono proprio precise, ma insomma – dovremmo quasi esserci.

E non si trattava solo del villaggio: quando nevicava era tutta la Val di Rhêmes a diventare un campo minato. La vecchia strada non aveva le gallerie che ci sono oggi e dal villaggio del Bruil per dieci chilometri non c'era un punto dove poter dire: «Mi fermo un attimo qui che sono tranquillo». Aveva ragione il vecchio Thérisod: quando gli chiedevano quante erano le valanghe pericolose: «Una: quella che fa partire tutte le altre». Certi anni sentivi cadere le slavine fino al mese di giugno.

Sarà stato il 1952: quell'inverno lì ci abbiamo messo tre giorni a battere la traccia da Villeneuve a Rhêmes, nuotando nella neve caduta dal cielo e sperando che non ci finisse addosso quella ancora appesa ai versanti. Il lavoro duro era sempre quello dei primi, a batter traccia e arrampicarsi sulla schiena irregolare delle slavine cadute: per chi veniva dopo la pista era battuta. Dopo qualche giorno – anche una settimana – uscivamo in tanti e aprivamo la strada. In primavera le valanghe c'erano ancora, dure come il granito: allora si scavavano i tunnel nella neve ghiacciata a colpi d'ascia – lavoravi dall'alba al tramonto e il comune ti dava qualcosa.

Quella volta lì eravamo in cinque con una cavalla, la mia mula Nina e una slitta col poco bagaglio che dovevamo trasportare. La cavalla era un indennizzo di guerra che avevano dato a due reduci delle campagne di Grecia e di Albania, veniva da Zagabria e aveva una grossa ics sulla coscia. Anche lei aveva combattuto – non aveva paura di niente e sentiva le valanghe in anticipo: per quello ci apriva la via con la mia mula Nina alle calcagna. Quando nevicava tanto i muli diventavano importantissimi: nel villaggio ce n'erano ventidue, più tre cavalli e due somari che però con la neve non uscivano dalla stalla nemmeno se la incendiavi.

Il primo giorno siamo arrivati al Buillet per la strada della centrale idroelettrica, con un metro e venti di neve fresca. L'indomani siamo partiti prestissimo e siamo arrivati a Proussaz, dove abbiamo trovato una stalla per riparare gli animali: era un po' stretta e la cavalla ha dovuto inginocchiarsi per riuscire a entrare e dormire con le zampe nella canala di scolo per non toccare il soffitto con la schiena. Il terzo giorno siamo partiti da Proussaz che albeggiava e abbiamo raggiunto Melignon a mezzogiorno: abbiamo visto venirci incontro la famiglia che abita vicino alla chiesetta, il marito con un fiasco di vino e due scodelle di minestra, la moglie con due caffettiere di quelle vecchie – sono stati bravi, ci ha fatto bene al cuore. Da Melignon a Rhêmes sembravano le montagne russe: una valanga unica, non sapevi più dove passare, una fatica nera per battere la traccia. Siamo arrivati che erano le nove di sera: nove ore a piedi per fare cinque chilometri. Dalla cappellina del villaggio la cavalla – che non aveva mai nitrito fino a quel momento – ha piantato un urlo da rabbrividire. Anche Arturo Thérisod lì è crollato: ha levato il cappello e ha provato di fare il segno della croce, ma era ateo e ha sbagliato il verso. Dei cinque che han fatto quel viaggio infernale ci son rimasto solo io – ero il più giovane. Sono l'ultimo a poterlo raccontare, e ogni tanto anche a me sembra una storia non vera.

La volta che ho rischiato di più è stato quando mi ha staccato una slavina sulla testa una guida alpina francese che portava la barba lunga come la mia – *mon frère barbu*, come mi chiamava quando siamo poi diventati amici. Io ero con Zoff nel vallone della Vaudala, giù in fondo, sotto al Col Rosset. A un certo punto sento delle voci che arrivano dalla Testa di Paletta Alta: giro gli occhi e vedo che uno si lega mentre gli altri gli fan sicura. Vorranno mica far partire la valanga? Ho fatto appena in tempo a bloccare gli sci che sento un boato: mi son buttato giù che nemmeno Isolde Kostner, con la preoccupazione del cane che avevo perso di vista. Quando son poi scesi – elegantissimi – sono andato a ringraziarlo: «Grazie, a momenti mi ammazzi!» Era mortificato: non mi aveva visto e non finiva più di scusarsi. Da allora abbiamo fatto amicizia: con quella barba folta sembravamo anche parenti per davvero. Zoff è poi arrivato: con la pelliccia piena di neve e la coda fra le zampe, come i lupi.

Di quelli rimasti sotto la neve, uno me lo ricordo bene perché era sopravvissuto, ma senza le gambe e le braccia: gliele aveva staccate la cancrena. L'ho incontrato in montagna, un tronco senza rami issato sopra una carrozzella spinta a turno da un gruppo di ragazzi. Mi ha poi detto un guardiaparco che era l'ultimo sopravvissuto della Galisia: una storia dell'ultima guerra, un *trigu* che nessuno ha mai capito bene.

Nel novembre del 1944 dei soldati inglesi guidati dai partigiani avevano provato a raggiungere la Francia liberata passando per il Colle della Galisia. Una tempesta aveva sorpreso i ritardatari nelle Gorge del Malpasset: erano morti in quarantuno, uccisi dal gelo e dalle valanghe, a un tiro di fucile dal rifugio del Prariond e dalla salvezza. Due soldati inglesi, due amici, erano sopravvissuti per otto notti in un buco scavato nella neve, succhiando il ghiaccio e cercando di scaldarsi a vicenda. Solo uno ce l'aveva fatta, ma l'incidente gli aveva poi portato via gambe e braccia. Ogni anno si faceva portare nel luogo dove aveva perso gli arti e l'amico. Era lo stesso che avevo sentito gridare ai ragazzi che spingevano la carrozzella: «*Allez mes enfants, courage! La vie est belle!* Forza ragazzi, coraggio! La vita è bella!»

'La madonna' ho pensato. 'Io mi lamento quando ho una spina nel piede'. Quella volta ho messo giù la testa.

Quando non rischi di rimanere sepolto, la neve è anche bella e sciare mi è sempre piaciuto. Nel periodo che iniziava la moda dello sci ripido mi ero messo in testa di scendere il canale che viene giù dal Col Fenêtre: l'inizio è stretto e inclinatissimo, devi stare attento alle rocce. Poi si allarga, ma mantiene una pendenza che devi avere un po' di manico se non vuoi farti del male. Son salito una volta che era bello pieno, ho visto che la neve teneva e mi sono buttato giù urlando, come durante una lotta. È andato tutto bene, a parte che a momenti mi ammazzo per colpa di Zoff, che a un certo punto mi ha superato, gli ho tagliato una zampa con la lamina di uno sci e quasi mi rompo il collo. Forse è stato un bene, perché ho poi lasciato perdere le discese estreme e mi son messo a fare solo gite e gare.

I miei compagni fissi erano Berthod, che non stava mai zitto, e Elso Thérisod il silenzioso. Con Berthod era una lotta per fargli spegnere la radio ogni tanto. Lui niente, dopo cinque minuti riattaccava con le bestemmie, persino in gara: «Perché non è giusto che noi dormiamo sui pagliericci, mentre quelli del Centro Sportivo Esercito dormono sulle brande – già che poi vanno forte, cristo d'un cristo...» Non c'era modo di spegnerlo, toccava sopportarlo.

Con Elso al Trofeo «Angelo Bozzetti» abbiamo persino rischiato di finire sul podio: lui in salita era un trattore – si era allenato fiato e gambe fin da piccolo scappando ai doganieri, io andavo meglio in discesa. Quel giorno c'era una bufera che non si vedeva niente: Elso scendeva per primo perché così faceva il suo ritmo e rischiava meno di cadere – dopo il primo volo sei finito. A un certo punto, l'ho perso di vista e me lo son trovato lungo e disteso. «Ti sei fatto male?» Ha solo detto «*Merde!*» e si è rimesso in carreggiata: siamo arrivati quinti, senza la caduta magari una medaglia la prendevamo anche: è stata una delle nostre gare migliori. Elso se n'è andato che non è tanto, era del 1931. L'ultima volta che l'ho visto era già sordo, ma la testa funzionava ancora bene. Gli ho chiesto «*Sa*, Elso: quest'anno lo andiamo a riprovare il Bozzetti?» Mi ha guardato e ha incrociato gli indici delle due mani: era il modo di Elso il silenzioso per farmi capire che in programma aveva solo il cimitero.

Un altro che era fortissimo in salita, ma scarso in discesa, era Jullien, il cugino di Elso, tronco d'uomo e forte fondista. Da bambino d'inverno portava via il letame nella gerla: prima che iniziassero le lezioni aveva già fatto due o tre viaggi col buio e gli mancavano ancora cinque chilometri a piedi per andare a scuola – per quello che a salire era un drago. In discesa invece era fermo piantato. Un anno al Trofeo «Rollandoz» per andare più veloce si è tolto gli sci, si è infilato un sacco di plastica robusta con due buchi per le gambe come fosse un paio di mutande e si è lanciato dal Colle dell'Entrelor. Per scendere, scendeva veloce – ma conciato così non riusciva mica a dare la direzione: è andata bene che è passato in mezzo a due rocce, altrimenti addio gare e addio Jullien. «Beh, beh. Però ne ho sorpassati tanti» ha commentato quando si è tolto quell'affare di dosso.

Un anno abbiamo fatto anche la Marcialonga insieme: lui parlava con tutti, aveva un sacco di amici svedesi – mai riuscito a capire in che lingua si intendevano – e partiva fra i primi perché era un veterano. Io invece partivo con gli ultimi perché facevo la gara solo per curiosità, ma quella volta siamo arrivati insieme, perché lui ha avuto un incidente. In partenza gli han pestato gli sci e si è trovato per terra. Jullien ha solo un occhio buono – da piccolo gli è finita dentro una scheggia di legno e ha perso la vista – e per difendersi «la finestra», come la chiamava lui, è rimasto sdraiato a terra e si è fatto calpestare da non so quante persone: «Gli sci fan mica male, ma i bastoncini con la punta li senti tutti». Mi è poi toccato di medicarlo con l'alcol: sembrava che lo avessero torturato. Quando abbiamo tagliato il traguardo, delle ragazze bellissime ci hanno messo una piccola ghirlanda: «Potresti portarne una a tua madre» faccio a Jullien. «Beh, beh. Ma queste qui hanno il rossetto, non lo so se ci restano a Rhêmes: noi confronto a loro siamo ancora nascosti, siamo ancora nella *trutze*, nel letame» mi ha risposto.

Con gli sci mi sono tolto delle soddisfazioni. Ogni tanto mi allenavo con i fratelli Stella dell'esercito – Aldo, Valentino e Gianfranco: fortissimi sugli sci, Aldo era un olimpionico nel fondo. Una mattina che ero salito sulla punta dell'Entrelor ne vedo salire tre come dei razzi, prendo il binocolo e li riconosco subito: Aldo, il fratello e l'allenatore. Li aspetto e li saluto: «Buongiorno mantenuti, come va?» e loro mi sfidano: «Louis, scommettiamo un caffè in discesa? Vince chi arriva prima sul ponte dove c'è la casa del Parco. Percorso libero». «Io ci provo, ma non ho i soldi per i quattro caffè, altrimenti ve li darei già: tempo che arrivo, voi siete a Courmayeur. Però se mi aspettate si può fare. E se vinco...» «Credi ancora di farcela?» «Mica ho detto di no». E siamo partiti. Lì ho fatto una grossa cavolata: loro hanno fatto il giro, io sono sceso al dritto in verticale, tagliando il ghiacciaio. Alle baite dell'Entrelor, me li vedo dietro cinquanta metri: due colpi di bastone per infilarmi nel bosco, con 'sti sci che sembravano incollati alla neve. «Questa volta ti prendo!» sento Aldo che grida. Non ho risposto: pensavo solo che se arrivavo nei larici era fatta. Ho raggiunto il bosco: lì la pendenza aumenta – quattro curve ero al ponte, un attimo prima di vedermi arrivare il maresciallo da dove adesso c'è la pista di fondo. Avevo fregato l'olimpionico: è stato meglio che vincere una gara – e ci ho pure guadagnato un caffè.

Con la stessa banda dello sci-alpinismo abbiamo fatto anche le gare in montagna senza la neve: le prime di corsa, tutti con le braghette corte e le stesse scarpe Adidas bianche ai piedi. Nelle discese altro che bastoncini telescopici: brancavi un ramo e scendevi a raspa nei canaloni – una roba da farsi del male. Una volta Jullien si è presentato alla partenza della gara dei *Trois chateaux*, che si disputava a Arvier, con i calzoni lunghi e gli scarponi. Elso gli fa: «Certo che fai schifo: ma non sei capace di tagliare quei calzoni?» «Beh, beh». Poi lo abbiamo perso di vista. A un certo punto eccolo che arriva, con una gamba dei pantaloni tagliata fino all'inguine e l'altra lunga fino al ginocchio: «Ho chiesto in prestito l'accetta a una vecchia e ho tagliato la braghe, ma forse non son stato tanto preciso». È sempre stato una sagoma, Jullien.

Mio fratello Pierino, che è il ragioniere della famiglia, lo dice sempre che ho fatto tanto e «non sono manco riuscito a portare a casa una medaglia d'oro». Però una volta ci sono andato vicino in una gara di corsa in montagna. Insomma che ero in testa, quando ci troviamo a passare davanti a un alpeggio dove avevano appena pulito le stalle. Arrivo spedito e – *bam* – mi trovo sdraiato nella merda fin nelle orecchie. Il concorrente dietro di me uguale: rimaniamo con la schiena nel letame e le scarpe volate chissà dove nello schianto. Seduti nel liquame – tanto ormai eravamo conciati per le feste – ci rimettiamo le scarpe. Una fatica dell'accidente a farne entrare una, colpa della calza bagnata. L'ultima parte della gara l'ho fatta saltellando su un piede, perché ne avevo uno buono e uno che mi faceva un male da morire. L'altro mi è passato davanti e sono arrivato secondo. Al traguardo arriva e mi fa: «Ma non è che hai preso una delle mie scarpe? Ho la destra che balla». Porca miseria alle scarpette dell'Adidas tutte uguali.

Le scarpette da corsa non le ho conservate, ma gli sci d'alpinismo sì: sono nell'angolo della rimessa, ridipinti di verde perché nessuno si accorgesse che erano un regalo non autorizzato dell'esercito italiano. Sono pesantissimi rispetto a quelli moderni, ma con quelli fino a poco tempo fa mi sentivo di andare dappertutto. Sono passati quattro anni dall'ultima volta che li ho usati: avevo lasciato la motosega, i manici della scure, il cuneo e una piccola tanica di miscela in un bosco qui sopra, dove stavo tagliando dei larici secchi. L'attrezzatura era al sicuro e al riparo, ma un giorno mi son deciso lo stesso e sono partito da casa con le pelli di foca per recuperarla. All'andata, nessun problema. Arrivo, carico tutto nello zaino – i manici della scure che spuntavano –, tolgo le pelli e parto. Alla prima curva ho ficcato un volo che i manici della scure mi si son piantati nella testa. La seconda curva, uguale: di nuovo lungo e disteso sulla neve. Lì ho cominciato a fare come il cacciatore e il pescatore: è il fucile che non va, è la canna difettosa, è la neve di merda. Ma quando sono arrivato sulla pista da fondo, ho ben visto che mi mancava la forza di frenare. La neve sopra poteva essere una porcheria, ma su quella battuta ci sono poche scuse. Mi son detto: «Louis, qui non è la neve – sei te. Non ci siamo più». Ho detto basta e quel giorno stesso ho messo via gli sci. Da allora la neve l'ho pestata poco, ma la guardo tutti i giorni attraverso la finestra della cucina: disegna sulle rocce della Granta Parey forme sempre nuove. A seconda del risultato, mia moglie Nathalie capisce se la montagna sorride oppure è di cattivo umore.

Capitolo 8
Era bello stargli assieme
incontri

«Tu ti fidi, Louis?» Di tutti, mi fido – e di nessuno. Però sono sempre stati gli altri ad avere fiducia in me. E allora, via: partivo con le figlie dei conti Rossi di Montelera, assieme ai visitatori più difficili del Parco, con i soci più intrattabili della riserva e in compagnia di villeggianti di tutti i tipi. Non facevo la guida – a chi mi chiedeva di andare da qualche parte rispondevo: «Ti accompagno, ma non ti porto, vengo con te. Ma non sono responsabile di quel che fai». Sono stato un po' dappertutto per le creste, sulle cime e nei valloni della Val di Rhêmes, conosco i passaggi dimenticati, le scorciatoie segrete, i pericoli di ogni posto e di tutte le stagioni. Chi veniva con me sapeva che dopo non era facile ritrovare i posti sulla cartina, o descrivere i luoghi con precisione: perché di solito mancava la linea rossa di un sentiero a indicarli o non sempre c'era il nome di una cima famosa da ricordare. Sapevo pesare l'entusiasmo, la paura e la fatica di chi mi seguiva, e prevederne le conseguenze per tempo. Ho chiesto ogni volta il permesso alla montagna di lasciar passare me e i miei ospiti attraverso le distese abbaglianti dei ghiacciai, dall'Entrelor al Torrent, sui pendii ripidi dove le uniche tracce erano di zoccoli di stambecco, sugli sfasciumi di rocce dove il passo incerto è un passo falso. Per questo ho riportato sempre tutti a casa – tutti e tutti interi.

Di nobili ne ho accompagnati parecchi, come guardia della riserva, ma il personaggio più importante l'ho portato quando ero al Parco: il ministro dell'Agricoltura Giuseppe Medici. Quel giorno avevamo fatto il Col du Sort per andare alla casa del senatore Federico Chabod: eravamo una bella comitiva – il direttore del Parco Videsott, il mio collega Pascal e me come guardie, il nostro caposervizio, tre poliziotti e il ministro. Al ritorno abbiamo fatto l'Entrelor: lì, prima di arrivare al Pian di Feyes, c'era una scorciatoia: un passaggio un po' difficile che fa tagliare parecchio. Il ministro aveva sentito che ne parlavo e si era fatto venire un'idea. Rimaneva sempre indietro, camminava lento, ha fatto tanto che è rimasto penultimo: l'ultimo ero io, che chiudevo la fila. A un certo punto mi fa: «Hai detto che c'è un passaggio: proviamo?» «Per me va anche bene, ma poi io mi prendo una di quelle lavate che me la ricordo» gli ho detto. «Stai tranquillo che a quello ci penso io». Così siamo andati: un po' l'ho aiutato, ma poco perché il ministro sapeva muoversi e *tac, tac, tac*... siamo usciti più in alto degli altri e abbiamo fatto molto più in fretta. Il ministro era tutto contento, se la rideva soddisfatto mentre li aspettavamo. Il resto della comitiva un po' meno: un poliziotto era anche tornato indietro a cercarci. Quando siamo stati tutti al casotto, Videsott mi ha fatto nero. A quel punto è intervenuto il ministro: non so mica cosa gli ha detto di preciso, ma è riuscito a far star zitto persino il professore. Videsott ha preso il suo zainetto e se n'è sceso a valle.

Il ministro Medici in compenso mi aveva preso in simpatia. Gli piaceva scherzare. Nel mezzo della notte, verso le due o le tre, si metteva a lanciare delle urla che sembrava che lo stessero ammazzando. Tutti in piedi, i poliziotti che si precipitavano da lui con un mezzo infarto. Poi se lo trovavano davanti in perfetta forma, serissimo: «Lo faccio per voi: vi faccio intervenire un po' – se no che cosa state qui a fare?» Altre volte si nascondeva nella pietraia lì intorno al casotto di vigilanza del Sort. Tutti a cercare il ministro, coi poliziotti che venivano matti. Si faceva desiderare per un bel po', poi ricompariva – fresco come una rosa. Anche il solito Pascal e io eravamo coinvolti. Pascal detto *Pantoufle*, per non smentire la sua famosa intraprendenza e inestinguibile voglia di lavorare, faceva solo finta di cercare, ma io il ministro una volta l'ho trovato per davvero: «Zitto, zitto: vieni qui». Mi ha allungato di nascosto cinquemila lire: «Tu non mi hai visto. Torna indietro e fai finta di cercare». Dopo un po' avevamo stabilito un segnale: quando premeva con l'indice sotto all'occhio, ormai sapevo che stava per scappare.

Come guardia della riserva, nella stagione della caccia si doveva accompagnare in battuta gli ospiti. Si lasciava tirare qualche colpo agli invitati, poi toccava a noi finire l'animale ferito. Spesso si faceva col coltello, perché a sparare ancora si rischia solo di sfasciare tutto. Io avevo un piccolo coltellino sardo, un pattada: contavo cinque costole e poi piantavo la lama dritto nel cuore. In un attimo era tutto finito.

Gli ospiti da accompagnare erano spesso ricchi e importanti: più erano ricchi e importanti più facevano i capricci. Ma con qualcuno succede che in montagna le distanze si cancellano e finisce che – se non c'è nessun altro in giro – ti dai del tu. L'impresario Ugo Sogno di Biella, per esempio, aveva una quota della riserva – poteva abbattere quattro camosci all'anno – e voleva solo me come guardia. «Le altre guardie non valgono niente» diceva. «Vai via tu, sei un *piciu*» faceva al capo. Mi lasciava sempre grosse mance, ma quante volte l'ho portato sulle spalle nella neve: zoppicava, aveva le gambe gonfie e nere sotto ai calzoni. Io lo sapevo già: quando non ne poteva più, diceva solo: «Louis!» Nei pantaloni aveva tasche lunghissime con dentro rotoli di lire e in quelle io ero autorizzato a frugare fino a trovare, sul fondo, due pastiglie. A quel punto di solito era già semisvenuto e dovevo faticare un po' per mettergliele in bocca, ma bastava che andassero sotto la lingua e dopo dieci minuti era di nuovo un leone. Di me si fidava. Quando eravamo da soli mi permettevo di dargli del tu – in presenza di altri mai: ma era lui che me lo aveva chiesto, *neh*. Quando era in difficoltà diceva solo più: «Trascinami». Figurati se lo trascinavo: lo prendevo in spalla tutti i settanta chili che era, con lo zaino davanti, le braccia intorno al collo, l'incavo delle ginocchia nei miei gomiti e via. Però Sogno non era un cane: sapevo come prenderlo e lui mi ricompensava.

Come cacciatore non era mica un cattivo tiratore, ma quando era nervoso sbagliava. Un giorno nella zona del Col Fenêtre spara a quattro camosci e li sbaglia tutti. Scesi a Chantery, due camosci ci attraversano la strada: lui tira ancora e manca il centro un'altra volta. Preso dalla stizza, scaraventa il fucile nuovo di trinca sulla poderale: «*S'füsil si, funsiunna nen: l'han propi bidunàme!* Il fucile non funziona, mi hanno fregato!» Sono andato giù, ho recuperato il fucile – nuovissimo, costosissimo, con cannocchiale e telemetro – e l'ho ripulito un po'. «*Sa*, facciamo una scommessa» dice. «Due caffè contro centomila lire: se con questo fucile riesci a prendere il camoscio che ho sbagliato vinci i soldi, se lo manchi paghi due caffè». Ho pensato: 'Oggi è più fuori di testa del solito' ma son stato zitto e ho preso la mira: il telemetro dava una distanza di trecentottanta due metri. Mi sono appoggiato, ho puntato bene – *pam!* – il camoscio è caduto a terra. «L'avevo già preso io prima» fa lui «Sì, aspettava giusto il mio sparo per morire d'infarto» gli rispondo. Sono andato a prendere il camoscio e siamo scesi sulla strada poderale. Sogno era lì, tutto mogio: «Dai, guarda se ha due buchi dietro». «Già che ha due buchi: uno gliel'ho appena fatto io col fucile difettoso e l'altro è naturale» gli faccio. Io scherzavo, ma lui era triste sul serio: «Louis, mi fai un favore? Non farmi soffrire: fammi fare cinque passi poi mi spari». Mi son seduto e quasi quasi mi son commosso: ma guarda te cosa capitava. Sogno si è seduto vicino, l'ho abbracciato, l'ho messo sulle mie ginocchia come un ragazzino, come un bambino – e si è messo a piangere. Sarà andato avanti un quarto d'ora. Gli ho passato un fazzoletto di carta. «Adesso basta, *eh*, altrimenti ti do due sberle» gli faccio. Non era più Sogno in quel momento. Poi siamo tornati indietro, siamo andati a prendere un caffè e lì è tornato di nuovo lui. L'ho perso di vista un attimo ed è sparito. Ho avuto paura che nello stato in cui era fosse caduto, ne avesse combinata qualcuna: l'ho cercato per tutto il villaggio. Alla fine mi sono arreso e sono tornato a casa: me lo trovo sdraiato sul divano che chiacchiera con mia moglie, tutto allegro. «Sei geloso?» mi fa. Sì, figurati: aveva un anno in meno di mio padre, che era del 1906. «Mi hai cercato? Ti sta bene. Io e te dobbiamo aggiustare i conti». Dopo tutto questo cinema, se n'è andato: sotto al cuscino Nathalie ha poi trovato duecentomila lire: pensavo gli fossero uscite le banconote dalle tasche. La volta dopo che è venuto a Rhêmes gli dico: «Commendatore, ha perso dei soldi». «Se li ho persi, li ho persi a casa tua». «Ma io li restituisco». «Ma io non li voglio». Allora ogni tanto mi infilava una mano in tasca e meno di centomila lire non trovavo: e facevano comodo, ecco. Tutte le volte ringraziavo, spesso parlavamo dei tempi in cui lavoravo per lui come manovale e scherzavamo insieme: «Potevi dirmelo che eri te». «A saperlo, avrei evitato di subire le girate che ho preso dai tuoi muratori!» gli rispondevo.

Però se lo accompagnavi dovevi star pronto a tutte le sue mattane. Una volta, mentre scendevamo dal Torrent, abbiamo preso una scorciatoia per arrivare a Rhêmes: un passaggetto verticale dove bisogna arrampicare in discesa. Ma lui si era intestardito e voleva saltare a tutti i costi: «*Gaute da suta, che mi fai 'n saut!* Levati che salto!» «Se vuoi saltare, fa' il piacere: salta dal ponte di Introd, almeno sei sicuro che è l'ultimo salto e non dai problemi a me». «No, che poi dal ponte di Introd devono far fatica a recuperarmi e io sono una persona che si preoccupa per gli altri». Alla fine quella testaccia si è buttato giù per davvero: l'ho acciuffato al volo e l'ho accompagnato per terra. Meno male che allora avevo i riflessi pronti e un fisico robusto. Gli prendeva così, all'improvviso: metà era voglia di fare il furbo, l'altra metà in fondo desiderio di farsi male sul serio.

Durante un'altra uscita di fronte a Chanavey, Sogno aveva tirato a un camoscio senza ucciderlo, gli aveva solo ferito una zampa. L'animale si era allontanato e aveva trovato scampo in una zona di risalti di roccia e di cenge erbose. Ma Sogno si era intestardito e voleva a tutti i costi il camoscio che aveva ferito. Ho passato tre giorni di fila a rischiare di rompermi il collo per trovarlo in quei colatoi ripidi, che se davi il giro ti recuperavano direttamente sulla strada: niente da fare. Speravo lasciasse perdere, ma al telefono con il capoguardia, Sogno mi aveva detto di tutto: così mi era toccato ripartire alla ricerca del camoscio zoppo. 'Adesso basta farmi insultare, però. Lo sistemo io' ho pensato. A un certo punto trovo un camoscio circa della stessa età di quello colpito da Sogno: mi guardava, coricato sul pendio. Non l'ho nemmeno più fatto alzare: l'ho solo visto scodinzolare dopo il colpo. Sono andato a prenderlo e lì ho dovuto sparargli a una zampa: peccato che solo dopo mi son ricordato che quella colpita da Sogno era la sinistra, non la destra. «Va *ben*» mi dico. «Tanto quando lui ha il camoscio è contento». Mi sbagliavo. La settimana dopo, Sogno torna per andare a caccia di camosci, lo accompagnavamo io e mio zio Natalino: «Te stai qua» fa a Natalino. «E te stai davanti che voglio darti dei calci nel sedere» rivolto a me. Siamo andati verso la Galisia: «Credevi di fregare Sogno, ma la gamba era quella sbagliata. Tanto lo sapevo che non lo trovavi». «*Ben*» gli faccio quando siamo rimasti soli. «Allora potevi dirlo prima senza farmi fare tutte queste scene».

Sogno era abituato ad avere tutto quello che voleva, era matto come un cavallo e non si fidava di nessuno. A parte di me e pochi altri. Al punto che voleva portarmi via dalla riserva perché gli facessi da guardia del corpo. Era il periodo in cui costruiva la tangenziale di Torino: dormiva in cantiere con gli operai e girava sempre con un fucile sul sedile dell'auto. Io gli ho detto: «Guarda che se mi assumi, finisce che ammazzo qualcuno». «È quello che voglio» mi ha risposto senza fare una piega. Alla fine sono rimasto in riserva: mica mi ci vedevo, in tangenziale a Torino. A Aosta aveva un cantiere enorme, difeso da un gigantesco montone da guardia – non so dove l'avesse trovato –, che caricava tutti quelli che non conosceva: dava dei colpi con le corna da finire a gambe all'aria, mentre Sogno si crepava la pancia dal ridere dalla finestra dell'ufficio. Aveva anche messo il cartello: «Attenti al montone».

Sogno è partito povero che se lo mettevi a testa in giù non gli usciva dalle tasche nemmeno uno spicciolo. Poi ha fatto una barca di soldi e poteva permettersi tutto: ma quell'uomo lì aveva tante lire e tantissimo dolore. Quando suo figlio di vent'anni è morto in un incidente stradale sulla Fiat Osca che gli aveva appena regalato, Sogno non era più lui. Adesso sono sepolti tutti e due a Oropa. Sulla tomba del figlio c'è una roccia con un monumento che viene da Rhêmes: era quella su cui il ragazzo stava sempre seduto a studiare. La tomba del padre invece si riconosce perché aveva voluto farsi mettere il telefono nella bara, con tutti i collegamenti funzionanti che uscivano: per non correre rischi nel caso lo avessero sepolto che non era morto per davvero.

Non era sempre così: qualche volta le uscite erano una penitenza e basta – come quel giorno che da guardiacaccia mi è toccato accompagnare in montagna due ragazzetti di buona famiglia. Ricchi e viziati: hanno cominciato a sfidarmi fin dall'inizio. Li ho fatti stancare più che potevo, ma non è bastato. Sotto al Col Bassac, esce fuori un piccolo di stambecco che aveva perso la madre: quando perdono la mamma ti vengono incontro, fanno tenerezza. Questi due cretini hanno cominciato a prenderlo a sassate: «Siamo in riserva, possiamo». «Non credo proprio: non è periodo di caccia e comunque i piccoli non si toccano mai – state fermi che altrimenti vi distruggo». Hanno iniziato a tirarsi i pugnali: dai e dai, mentre li rimproveravo mi han bucato i pantaloni. Non ci ho più visto e ho preso il pugnale. «Dammelo» mi dice uno dei due – e fa per mollarmi un pugno. L'ho preso per il collo e l'ho alzato: «Non so se hai capito qual è il tuo posto: io di te faccio tante briciole». Al Lago di Goletta si sono bagnati i vestiti, al rifugio Benevolo hanno buttato giù le panche e si son presi una sveglia dal gestore: quando li ho riconsegnati ai genitori è stato come togliersi un peso. Ma di quelli belli grossi e anche sgradevoli. Più come posare due sacchi di letame che due camosci, *neh*.

Ce n'era anche di quelli a cui la montagna non piaceva per niente. O forse si aspettavano la montagna delle réclame – con le marmotte, il sole e i prati in fiore – e quando capivano che non era proprio così ci rimanevano male. Un giorno di pioggia ho accompagnato una comitiva – alcuni dei Rossi e dei loro amici di famiglia – in alpeggio: avremmo dovuto far merenda, avevo lo zaino pieno di cose da mangiare. Le vacche erano già scese, ma davanti alla baita di Felumaz c'era tutto un misto di fango e di letame. Ci siamo riparati dentro la casera dove facevano i formaggi e lì una ragazza ha cominciato a dare i numeri: «Sarebbe questo il famoso alpeggio? Bella roba: mi racconti solo balle!» ha detto al suo compagno. Lui zitto, lei nera. Si è tolta l'impermeabile, le scarpe, le calze, i pantaloni e si è messa a pestare nel fango urlando come una pazza. Lo ha coperto di insulti, poi si è infilata di nuovo i pantaloni e si è incamminata in discesa – scalza. Non le era piaciuto il posto, si vede. Non a tutti piace la montagna e la montagna non è per tutti.

All'estremo opposto c'è chi vive la montagna come un'esperienza unica e rifiuta persino di rinchiuderla in una fotografia – perché le esperienze impressionano l'anima di ciascuno, non la pellicola che gira nelle mani di tutti. Lì per lì mi sono arrabbiato, poi – pensandoci – forse non aveva torto. Era una ragazza bellissima con il cognome doppio: evitava i sentieri perché a lei interessava trovare le piante di montagna – era una studiosa e io la accompagnavo nelle sue ricerche. Una volta che venivamo da Cossunnaz, mentre stavamo scendendo dal Col Fenêtre abbiamo visto sul sentiero la mamma marmotta che fischiava in piedi sulle zampe posteriori, con il piccolo attaccato che succhiava il latte. Una scena che non mi era mai capitato di vedere – eh sì che di marmotte ne avrò viste centinaia. Allora le ho chiesto di fare una foto e lei – strano – per una volta ha fatto quello che chiedevo. Qualche giorno più tardi, prima di andare via, è passata a casa a portarmela: me l'ha data, io l'ho ringraziata, poi se l'è ripresa. L'ha fatta in quattro pezzi e l'ha buttata nella stufa accesa prima che potessi dire: *beh*. Son rimasto lì. «Perché?» «Perché certe cose se qualcuno le vuole vedere ha solo da andarsele a cercare di persona: deve meritarsele». Mi è dispiaciuto lo stesso per la foto, però un po' di ragione ce l'aveva.

Con Menegatti abbiamo fatto tutto, tranne la Tsanteleina e la Grande Rousse. Era il vecchio medico condotto della zona: da solo curava gli acciacchi di tutta la Val di Rhêmes, della Valsavara, di Introd e di Villeneuve. Altri tempi. Adesso al suo posto ce ne sono tre. Veniva da Viù, era un tipo robusto e andavamo d'accordo: aveva tre anni più di me e anche se aveva studiato era un montanaro – tirava di quei pugni, ogni tanto. Nemmeno lui di solito beveva, però in montagna aveva il vizio maledetto di portarsi dietro una bottiglia di Petit Rouge: camminava e si colava il vinello. Poi andava tutto storto e rischiava di sfracellarsi: gliela avrei rotta in testa, quella bottiglia. Proponeva sempre delle gite nuove, io lo accompagnavo: «Sì, ma vieni tu da solo, senza il Petit Rouge».

Una volta, al Sort, mi ha fatto dannare: io gli dicevo di andare dritto, lui era un po' brillo e andava a destra, il bastardo. Era già tardi, saranno state le due e mezza: non so come abbiamo fatto a non finire dentro a una crepaccia, con lui che camminava come un sonnambulo. Alla fine giù ci siamo arrivati, e ci siamo messi ad asciugare al sole, in mutande sulla morena. E allora lì mi ha visitato:

ha iniziato dall'alluce fino alla testa – poi dal tacco fino alla schiena. Ci ha messo mezz'ora: «Allora, devo andare all'ospedale?» «No, devi andare a quel paese: stai meglio di me». «Ma quanto ti devo?» «Niente, però se eri una ragazza era ben meglio». Tu pensa se c'era qualcuno a guardarci – due mezzi nudi sui sassi, uno che osserva e tasta.

Se ti fidi del medico, la cura funziona. Io di Menegatti mi son sempre fidato e gli ho chiesto consiglio tante volte: era saggio, lo sapeva che le medicine sono a metà fra la droga e il veleno. Quando hai iniziato diventi schiavo: non puoi più smettere di prenderle e mentre ti guariscono da una parte te ne fanno ammalare un'altra. Mai una pastiglia di troppo – e se la cura era sbagliata, provava tanto fino a trovare il rimedio giusto. Che ogni tanto era un po' violento.

Menegatti aveva cominciato come dentista. Un anno era ferragosto e avevo un molare gonfio per l'infezione: un dolore da venire scemi. Di andare all'ospedale di Aosta neanche a parlarne, allora scendo giù a Introd da Menegatti, che era già in pensione: «Fai qualcosa! Qui finisce che scoppia tutto». Lui ci pensa su, non sa come fare: l'attrezzatura per curare i denti non ce l'ha più... ma per passare il tempo fa lavoretti di falegnameria. Allora prende delle pinze che usava per fare la mobilia, mi mette in bocca qualcosa per non farmi serrare la mascella e dà un'avvitata decisa al dente: ha iniziato a sanguinare che non finiva più, ma il dolore è passato.

Quando parti per un'escursione, soprattutto se tieni moltissimo a raggiungere la meta, nello zaino devi ricordarti di mettere attrezzatura, viveri e vestiario – ma nella testa bisogna che lasci un po' di posto all'idea che potresti fallire e una via d'accesso perché la paura possa raggiungerti e ricordarti quando è il momento di tornare indietro. Appena prima dell'errore senza ritorno. I limiti li scopri, li conosci e li alleni solo con l'esperienza – la paura non è una compagna di gita piacevole, ma è preziosa: bisogna che impari ad ascoltarla senza lasciare che diventi troppo invadente. Oppure, in alternativa, puoi chiedere a qualcuno di cui ti fidi di prendere le misure dei tuoi limiti che ancora non conosci, perché ti cucia addosso la gita perfetta come se fosse un sarto, e prenda in consegna le tue paure, le tenga a bada. Chi si affidava a me spesso lo faceva per mettersi alla prova senza cacciarsi nei guai.

Capitava spesso così con Flavio, un ufficiale di marina ligure che affittava un piccolo appartamento al Pellaud. Gli piaceva scrivere e raccontava sempre tutto quello che facevamo. La volta che abbiamo fatto insieme la Granta Parey è arrivato alla sera dal mare: alle tre del mattino sono passato a prenderlo e ci siamo incamminati. Salire è salito, con un po' d'aiuto prima del tiro di corda: gli ho dato da bere un bicchiere e mezzo della mia mistura speciale. Due bicchieri di vino che sia buono, tre tazze di caffè e tanto zucchero: è buonissimo e ti dà la carica per quindici minuti, quel tanto che basta per farsi coraggio nel difficile. Sulla punta abbiamo trovato uno stambecco che ci ha fatto un mezzo fischio di saluto. L'ufficiale lo guardava: «Cosa fa?» «Ci accoglie a casa sua, lui è educato – molto più di noi». Un po' l'emozione, un po' lo sbalzo di pressione, un po' la stanchezza e un pochettino anche lo stambecco parlante, ma al momento di scendere

Flavio è crollato tutto insieme: ha attaccato a piangere e non voleva più saperne. «Va bene, resta pure qua. Però a te che piace scrivere: fammi un foglio firmato che io ho provato a portarti giù. E non credere che domani sono poi qui di nuovo a raccoglierti». «Non puoi parlarmi così, io sono un tenente di vascello». «Sul mare comandi tu: ma qui siamo in montagna e fai come dico io. Che se ti lascio qua a tua moglie potrei anche pensarci io, ma ai tuoi figli chi ci pensa?» Nel frattempo lo avevo assicurato a uno spuntone di roccia lasciando due metri di lasco: mi son seduto vicino e – *pluf!* – l'ho spinto giù. «Sei un bestia!» «Intanto sei sceso: adesso spostati fuori dal tiro delle pietre che ti raggiungo in doppia». Sul ghiacciaio si era un po' ripreso: ha voluto persino fare delle foto dentro ai crepacci: l'ho dovuto calare a mano. Quando siamo arrivati alla lapide del San Bernardo gli ho tolto ghette e ramponi perché da solo non riusciva più: «Adesso se vuoi crepare, accomodati: io vado» e mi sono incamminato. Barcollava dalla stanchezza, quando siamo arrivati alla macchina era distrutto: si è seduto sul sedile della mia Renault 4 e non la smetteva più di ripetere: «Mai vista una macchina così bella» – segno che era veramente andato. Quando siamo rientrati gli ho raccomandato di non mangiare, che era pericoloso: lui niente – ha mangiato, ha bevuto e si è coricato. Il giorno dopo sono passato all'alba a controllare che fosse ancora vivo, ma al mattino presto era tutto chiuso e non mi sono osato di suonare il campanello. Sono stato nei paraggi tutta la mattina per tenere d'occhio le persiane: avevo davvero paura che avesse tirato le cuoia, finché a mezzogiorno non l'ho visto uscire di casa. Morire non era morto, ma la sera prima aveva distrutto una fiancata della sua Passat contro il ponte del Pellaud: era così sfinito che aveva perso del tutto il senso delle distanze. Quella volta lì ne ha avute di cose da scrivere!

Ho imparato tanto dalle persone che ho accompagnato: parlavi di ogni argomento e ascoltavi un sacco di cose – alcune non riuscivo nemmeno a capirle del tutto. Era bello stargli assieme – era un po' come girare il mondo senza muoversi da Rhêmes. Da Rhêmes i turisti cercavano la montagna passando per la porta principale, io avevo le chiavi per entrare dalla porta di servizio e decidevo chi lasciar passare e chi no. Un ingresso forse più stretto e persino scomodo, ma che porta dritto alle stanze meno frequentate, quelle per pochi, dove improvvisamente succedono le cose che non si possono fotografare a meno di rinunciare a viverle, quelle dove i luoghi strappano smorfie di paura e disgusto a chi non ne è degno. Quelle chiavi le ho ancora con me: ogni volta che inizio a raccontare si sente scattare un lucchetto.

Capitolo 9
Le lacrime sono come il sangue
montagna

Tutto vive, tutto insegna, tutto nutre e guarisce: l'animale, l'albero, la montagna, la roccia. Potresti anche mangiarla, la terra: ha dentro delle sostanze buone, le stesse di cui è fatto il nostro corpo. Una volta nel vallone di Fos stavo mangiando un boccone con un villeggiante che accompagnavo spesso in montagna: gli è caduto un salamino e non lo voleva più mangiare perché diceva che la terra era sporca. Ho recuperato il salamino e l'ho mangiato eccome: «È solo dove passa l'uomo che rimane lo sporco, la terra è pulita: chi è dei due che deve lavarsi tutti i giorni?»

La montagna è un rifugio sicuro, se sei capace di far perdere le tracce e ti accontenti del poco che offre. Umberto Obert negli anni Quaranta ha passato un inverno intero in una *balma*. Lui, la sua capra e l'ultima neve della guerra, nel 1945. Obert era della classe del 1900 o giù di lì. Era piccolino di statura, come il padre e il fratello Pancrazio. Di famiglia non erano dei nani, però erano davvero bassi. Quando andavano in Piemonte a lavorare e incontravano i carabinieri, ogni volta era un pugno allo stomaco. Questi qui – che erano alti come minimo un metro e ottantacique, altrimenti non li prendevano – guardavano i tre Obert dall'alto in basso e dicevano: «*Varda 'n po', ed trei an fan gnanca un!*» Umberto sarà stato anche piccolo, ma la testa ce l'aveva ben dura: in tempo di guerra non ha mai voluto prendere la tessera del fascio. Niente tessera del partito voleva dire niente tessera annonaria per avere il sale, il pane, lo zucchero. Obert stava senza mangiare e stava zitto: ma i fascisti lo minacciavano, gli facevano paura. Glielo dicevano tutti: «Un giorno o l'altro ti fan fuori». Allora lui un giorno che nevicava ha preso la sua capra senza corna ed è sparito: non ha lasciato detto niente a nessuno. Di notte faceva fuoco e si scaldava nel piccolo rifugio dove si era riparato – di giorno dormiva, o almeno ci provava. Quando son finite le provviste che aveva portato nello zaino, aveva imparato ad accontentarsi di quel po' di latte della capra e dei topi che riusciva a catturare. Per la capra qualcosa lo trovava sempre, andava a tagliare le cime dei pini quando faceva buio. Quando è venuta la primavera ed è finita la guerra, nessuno sapeva dov'era andato a finire Umberto Obert. Disperso per sua volontà. Un giorno lo hanno visto arrivare al villaggio insieme alla sua capra sfinita: non si sa come ce l'avevano fatta, avevano passato l'inverno. Appena ha potuto riposarsi e ha avuto un po' d'erba vera, la capra si è riempita fino a morire: aveva sconfitto il freddo e la fame e l'hanno poi uccisa la gola e la stanchezza. Lui piangeva, piangeva, piangeva: era sopravvissuto solo grazie al latte della capra e a quel po' di calore che gli dava – era inconsolabile. Ancora molto tempo dopo, quando andava a messa a Rhêmes-Saint-Georges – stava sempre in fondo alla chiesa –, i ragazzini che conoscevano la sua storia cominciavano a fargli: «*Beeeeeeee, beeeeeeeeee!*» e gli vedevi scendere le lacrime.

La montagna nasconde, a volte per sempre. La montagna restituisce – anche chi non c'è più. Sisto Barmaverain è stato il mio maestro di contrabbando e di bracconaggio: eravamo sempre assieme e ci fidavamo l'uno dell'altro. Dietro alla Treutze, sotto allo sfasciume che è crollato dalla punta della Tsambeina, una volta era tutto ghiaccio. Lì, indicato da una piccola croce incisa sulla roccia, c'era il nostro nascondiglio: ci lasciavamo gli animali uccisi che non riuscivamo a portare subito a valle e lì tenevamo i fucili, un Mauser e un Enfield – un tedesco e un inglese.

Poi tutto questo è finito: io sono entrato nel Parco, Sisto ha smesso di fare il bracconiere, persino il ghiaccio dietro alla Treutze si è sciolto e la piccola grotta è crollata. Abbiamo sempre continuato a vederci, finché Sisto non è morto di un cancro. Ero andato a trovarlo all'ospedale, io piangevo e lui – tutto rannicchiato in quel lettino – mi consolava. Siccome gli avevano fatto una tracheotomia e non poteva più a parlare, scriveva su dei pezzetti di carta. L'ultima volta mi ha scritto, bello grosso: «Louis, non piangere: ti aspetto. Però il fucile prendilo te».

Vent'anni più tardi mi sono messo in testa di ritrovare il nostro nascondiglio. Sono salito che era ancora notte lungo quello che una volta era un sentiero e mi sono seduto da un lato dell'ultimo larice. Con Sisto ci mettevamo uno da una parte di quell'albero e uno dall'altra a fumare, controllando che non ci fossero delle guardie: se anche arrivavano dal basso, da quella posizione avevamo tutto il tempo di sparire prima che si avvicinassero. Quella volta lì mi son seduto dalla parte di Sisto, dove c'era un cespuglio di erba soffice – quando eravamo insieme mi toccava sempre il lato più scomodo. Quel giorno a dire il vero non pensavo nemmeno a lui, mi ero quasi già rassegnato che non avrei più trovato i fucili ed ero tranquillo perché non dovevo scappare dalle guardie: ero io, la guardia. Mentre mi giravo una sigaretta, sento soffiare qua dietro al collo. «C'è vento» mi dico, «qualche volta l'aria finisce in dei piccoli canali». Va *ben*. Ma come accendo questa sigaretta sento il soffio ancora più forte – un soffio né freddo né caldo, senza spiegazione. Allora prendo una cartina delle sigarette, la strappo e lascio cadere a terra i pezzetti di carta uno dopo l'altro: arriva un altro soffio, fortissimo – ma che non sposta la carta. Lì ho capito che non era il vento: era Sisto che mi parlava con l'aria. «Ma guardalo qua, *di'*, dopo vent'anni»: mi sembrava di vederlo ridere – ma non mi ha mica poi aiutato a trovare i fucili come gli ho chiesto.

Ho passato giornate intere in quota senza nessuno – e senza mai essere solo. Parlavo con la montagna e lei mi rispondeva, mi faceva capire. Sentiva che le volevo bene e che mi muovevo come un ospite, così mi ha sempre lasciato tornare a casa da Silvio e Nathalie. Lo aveva capito che, al mondo, amo loro tre – la mia famiglia e la montagna.

Prima di farci del male la natura ci dà dei piccoli segnali: è fin generosa perché di solito ci concede anche due, tre avvisi. Ma devi essere capace di vederli, di sentirli – di capirli. E lì sta a te: ti han dato le gambe, ti han dato una testa per ragionare – un pochino, tanto, poco o niente – e devi usarle bene per cavartela dove finiscono le strade e i sentieri si interrompono. La montagna non è casa nostra, dove possiamo fare quel che vogliamo e troviamo tutto anche bendati – al massimo si prende qualche testata: no, in montagna dobbiamo sia essere attenti sia fare attenzione. Sono due cose diverse e ci vogliono entrambe: il rispetto e la prudenza che, senza vergogna, ho sempre chiamato col suo vero nome – paura.

Una volta, quando lavoravo già nella riserva, mi ero messo in testa guardando gli animali che forse si poteva passare su una cengia sotto la Granta Parey. Era un traverso in orizzontale – saranno stati trenta o quaranta metri – di roccia ruvida, abbastanza buona. Quando arrivavo da Goletta i camosci mi passavano sempre venti metri sopra la testa e non cadeva una pietra. Allora lì attaccavo a parlare con la montagna: «Se un giorno decidi che mi lasci passare, fai un segno». E poi quel giorno è arrivato, mentre stavo mangiando un salamino: «Posso?» «Sì». Allora ho messo il bastone nello zaino e sono partito così, a mani nude. All'inizio me la sono cavata abbastanza bene, poi sono arrivato a un certo punto che non riuscivo più ad andare avanti. Avevo ancora quindici metri da attraversare e sotto di me ne avrò avuti duecento di volo – quello che mi teneva attaccato alla roccia erano le punte delle dita e quelle degli scarponi. Appigli non ce n'era più, gli appoggi erano finiti, indietro non potevo tornare. Son rimasto lì un bel po', altro non potevo fare: «Va *ben*, è finita» ho detto. Ho anche chiesto perdono – si fa anche senza il prete. Poi mi son messo lì, la faccia contro la roccia e gli occhi chiusi, con quel barbone che avevo:

«Finché mi tieni qui con te, io ci sto». Forse lo sforzo, forse la paura: ho sentito un calore enorme fra la testa e la roccia. 'Ho ancora qualche minuto, qualche secondo' pensavo. Dopo un po' apro gli occhi: ero dall'altra parte. Mi vergogno di dirlo perché sembra di raccontare una balla: non so come ci sono arrivato, ma so che ero lì. Ho poi ringraziato tutto il giorno – ma grazie è poco: ho pianto, tantissimo. Proprio in quel punto c'è un'erba verde che cresce fina: ho pianto tanto da bagnarla e lì non è più ricresciuta. C'è rimasta solo terra: le lacrime sono come il sangue – lasciano segni che non vanno più via. Quella volta mi sono detto: «Mai più» – e ho quasi mantenuto la promessa.

Ho continuato a infilarmi dappertutto, ma non ho mai più fatto richieste così grandi. Non mi interessavano le punte delle montagne – sì, va *ben*, arrivare in cima una volta per ringraziare e dire che c'ero stato andava bene: ma quello che mi piaceva davvero fare era ficcare il naso da tutte le parti. Un giorno, sotto alla Grande Rousse, mi son trovato su un terrazzino della parete che viene giù verticale sul ghiacciaio del Pellaud. Eravamo io e uno stambecco di quattro-cinque anni un po' più in basso, appollaiato sopra a un terrazzino minuscolo. Come aveva fatto ad arrivare lassù, mai capito. Lui probabilmente avrà pensato la stessa cosa di me. Ero lì che lo guardavo, in ginocchio perché quasi quasi ti venivano le vertigini, e ho deciso di fare un esperimento: lasciavo cadere a piombo dei sassolini, per vedere che cosa voleva o poteva fare lo stambecco da quel postaccio, se disturbato. Gli stambecchi riescono a girarsi anche allo stretto – i maschi un po' meno, perché le corna li impacciano. Quello stambecchino lì era un fenomeno – *tac, tac* – non sbagliava un colpo con le corna, sparava via tutti i miei sassi. Allora ne ho preso uno più grosso: volevo proprio vedere. Si è alzato in piedi e gli ha piantato una tecca che un giocatore di baseball non avrebbe saputo far meglio: un fuoricampo. Poi si è alzato sulle gambe posteriori e si è girato. Come ha fatto a scendere devo saperlo ancora adesso perché sono andato via prima di lui: d'altronde avevo perso la partita e toccava a me lasciare il campo.

In montagna, nelle giornate buone passavo il tempo a pensare alle cose che mi succedevano e che non riuscivo a capire: un'ora avanti l'altra finché non mi sembrava di venire cretino. Un'altra cosa che non ho mai capito, per esempio, è perché sui ghiacciai riuscivo a fermarmi sempre prima dei crepacci chiusi: erano invisibili – ma mi bloccavo lo stesso. Non era la fortuna – quella non dura una vita –, forse più un istinto che nasce quando accumuli tante esperienze fino a che sai fare le cose, ma non riesci più a spiegare come. E allora senti una voce dentro che ti consiglia. Se uno crede, può anche pensare a Dio, al limite: io però non vado spesso a messa e le preghiere tante volte me le sono anche inventate. Uno dovrebbe poter vivere un po' più a lungo e essere capace di andare in montagna per molti anni – servirebbe poi anche avere un po' di studio e non perdere mai la curiosità di capire. Una signora che mi ha intervistato, nel titolo dell'articolo ha scritto che ero lo «sciamano della montagna». Quando l'ho incontrata qualche tempo dopo le ho detto che l'articolo era bello, peccato per l'errore nel titolo: «scemo della montagna» rendeva meglio l'idea. Per questa vita è andata così, ma se torno, poi, la prossima volta rifaccio tutto – però lo faccio meglio.

Da solo in quota, nelle giornate più fiacche ti potevi anche annoiare. Per fortuna, oltre alle radioline in dotazione dalla riserva, mi ero fatto imprestare una radiolina più potente: mille canali e niente ricerca automatica. Ci mettevi abbastanza, ma quando poi trovavi il canale giusto, ti facevi delle risate grandissime, senza disturbare nessuno, *eh*. I miei preferiti erano i taxisti di Torino: erano tutti arrabbiati, ma le donne erano quelle che si dicevano gli insulti peggiori. Sulla Becca della Traversière prendevo anche i canali francesi: avevo solo l'imbarazzo della scelta. Solo una volta mi si è gelato il sangue: «*May day, May day*». Ho guardato all'orizzonte, ma non si vedeva niente: chissà dov'era quell'aereo in difficoltà, chissà com'è andata a finire.

La montagna può essere casa per chi ci è nato, rifugio per chi ha qualcosa da lasciarsi alle spalle, prigione per chi non l'ha scelta e se l'è trovata come destino. Quello che puoi trovare a Rhêmes dipende da quello che stai cercando, dalla storia che ti ha fatto diventare quello che sei. C'è chi è già spacciato in partenza. Ho visto nascere un camoscio una volta sola, e non me lo dimenticherò mai: il corvo imperiale lo aveva già accecato che non aveva ancora finito di uscire dalla madre. Ero in servizio e ho visto luccicare, in alto sulle rocce: vedo un camoscio coricato e qualcosa che brilla e muove sotto alla coda. Era una femmina che stava partorendo. Allora ho tirato fuori il cannocchiale, l'ho appoggiato allo zaino e mi sono messo a osservare. La femmina ha perso l'acqua, poi sono spuntate le due zampe davanti, quindi la punta del musetto. Da lì in poi viene fuori tutto il cucciolo abbastanza in fretta. Ma il corvo è stato più veloce: ha cominciato a beccare la testa del piccolo, ancora tiepida e morbida, e poi dritto gli occhi – *pataciàc*. Quando alla fine è uscito tutto, la mamma ha cominciato a leccarlo e dopo dieci minuti il piccolino ha provato ad alzarsi, ma ormai era cieco e sono sicuro che da quella cengia dov'era non è mai sceso vivo. Non posso dirlo con sicurezza perché quando ho visto che arrivavano altri due corvi – due stuzzicavano la madre e il terzo se la prendeva col camoscetto – ho messo via tutto e me ne sono andato: non riuscivo più a guardare. Sarà anche giusto così: il corvo ha ben il suo compito nella natura. Ma quella volta lì se ero sicuro di beccarlo senza far male alla mamma e al piccolo, forse avrei tirato fuori la pistola.

Con le persone è lo stesso, solo che quando parti svantaggiato, delle volte gli uomini hanno una seconda possibilità. E lì sta a poi a te cavartela: qualcuno ammazza il corvo e te rimani con un occhio solo. Allora se sei in gamba puoi farcela lo stesso e diventare persino più forte degli altri – oppure se non sei abbastanza scaltro o fortunato caschi lo stesso di sotto. Qui a Rhêmes ho conosciuto due uomini: due orfani, due vite troppo brevi, due destini completamente differenti.

Toni è stato allevato a «Casa Azeglio», uno di quegli orfanotrofi finanziati dai conti Rossi di Montelera. Appena ha potuto è scappato con un qualche diploma in tasca e si è arruolato nella Legione straniera: è tornato dopo cinque anni, col grado di *adjudant chef*, maresciallo maggiore. È entrato nella riserva come guardiacaccia qui a Rhêmes e ogni tanto raccontava di come si era guadagnato i gradi combattendo in Indocina negli anni Cinquanta. Con la pistola era un fenomeno. Quando eravamo in servizio insieme, si portava sempre dietro le scatole della marmellata: una volta che era finita la lanciava in aria e prima che toccasse terra l'aveva bucata tre volte.

Basso di statura e sempre col sorriso, era anche una buona guardia – se riuscivi a fargli tenere in tasca la pistola. Cosa lo ha mandato a fondo è stato l'alcol: era sempre più ubriaco e sempre più solo. Un giorno che era nevicato parecchio, ho messo gli sci e sono sceso verso Chanavey per vedere se qualcuno aveva bisogno di qualcosa – Toni abitava lì. Già da fuori l'ho sentito cantare. Penso 'Meno male, è di buon umore'. Entro, lo saluto, facciamo due parole: sul tavolo c'era una scatola intera di zollette di zucchero «Saint Louis» e dell'alcol per disinfettare le ferite – un formato di quelli grossi. «Louis, non ho più niente in casa da offrirti: se domani torni, compera una bottiglia di grappa, pago poi io». Il giorno dopo sono tornato e l'ho trovato più ubriaco che mai: sul tavolo la scatola di zollette era a metà e l'alcol quasi finito: «Avevo un mal di denti da impazzire». Cercavo di farlo reagire, ma quando cominci a bere non senti più ragioni – è come una droga. Una volta a momenti al Benevolo c'è mancato poco che mi ficcasse una pallottola in testa perché non volevo dargli del cognac. È andata bene che sono stato più svelto di lui e sono riuscito a disarmarlo. Quando è così nessuno riesce a starti vicino: per un po' rimani vivo per miracolo e poi, a un certo punto, persino i santi si arrendono. Toni si era comprato la moto Gilera Sette Bulloni, la più potente in circolazione in quegli anni. Siccome non c'erano molte macchine in giro, capitava che qualcuno gli chiedesse un passaggio: il problema era che lui era gentile e caricava tutti – chi non lo conosceva non riusciva mica a capire al volo che era ubriaco. A momenti fa morire d'infarto un finanziere: quando è sceso dalla moto a Courmayeur non riusciva più a star dritto – c'è mancato poco che baciasse la terra. Una volta che Toni era proprio ubriaco, il parroco don Moris ha cercato di convincerlo a rimanere a dormire a Villeneuve: «Dormi in curia e poi, quando stai meglio, torni a Chanavey». «Non son mica ubriaco» gli ha risposto, «e poi io ho sant'Antonio che mi protegge». «Sant'Antonio non è mica stupido: non si mette lì a parare il colpo per non farti sbattere contro un muro – lui si scansa all'ultimo e tu ti spacchi la testa!» Sarà stata l'unica volta che si è lasciato convincere da qualcuno.

Alla fine anche sant'Antonio si dev'essere stufato per davvero, come diceva don Moris: Toni è poi morto troppo giovane e troppo disperato in una casa di cura – lui è nato ferito e su quello squarcio ha buttato dell'alcol. Era la cura sbagliata e tutta la vita è stata convivere con un'infezione che lo mangiava da dentro.

Anche Marco era orfano: quando era morta la mamma, il papà non riusciva da solo a lavorare e a tenere i tre figli. Nel mentre che cercava una persona per guardarli, aveva sistemato le sorelle dalle suore e Marco in collegio. Quel giorno Marco aveva fatto un quarantotto perché lì dentro non ci voleva stare, ma il papà gli aveva promesso che appena sistemato tutto sarebbe tornato a riprenderlo. Ma uscendo dal collegio una macchina lo ha investito: è morto e non ha più potuto rispettare la promessa – nessuno a Marco ha detto subito il perché. Appena ha potuto, è scappato dal collegio e si è messo a girare l'Europa facendo piccoli lavoretti, finché non è stato adottato a Verona. È finito a Rhêmes perché è entrato come guardia nel Parco: ci siamo piaciuti subito. Quando lui ha cominciato a lavorare, io ero già in riserva, ma avevamo un nostro sistema speciale per trovarci, anche senza radioline. Abbiamo passato tanto tempo assieme – gli ho insegnato tutto quello che sapevo – e ci siamo attaccati moltissimo. Come guardia, Marco è diventato una bomba – era forte, intelligente e imparava subito. Conosceva perfettamente i posti, gli animali, le persone – persino il *patois* della valle. A guardare con binocolo e cannocchiale era favoloso: individuare da lontano le femmine di stambecco coricate nelle pareti è difficile – io non riuscivo sempre a tirare fuori tutte quelle che c'erano, lui sì.

Ha lavorato fino all'ultimo, anche quando è diventato debole perché un cancro gli aveva preso lo stomaco: viveva con degli omogeneizzati e poco più, ma non ha mai mollato fino alla fine. Quando all'ultimo è finito in ospedale mi telefonava il lunedì alle sei del mattino: «Louis, sei già sveglio?» «Sì». «E sei ancora a casa?» «Sì, ma lo sai benissimo che sono in pensione». «Ah già. Ti ho telefonato perché stavo giusto pensando che quando ci davamo appuntamento alle quattro del mattino, te alle tre e mezza eri già lì: volevo vedere se non avevi perso l'abitudine». Il giorno dopo di nuovo la sua voce, il nostro dialetto: «Oggi è martedì, *eh*? Vado al mercato, ma lo dico in *patois* così qui nessuno mi capisce». Io non avevo nemmeno la forza di ridere. «Come fai ad andare al mercato?» «Mi portano direttamente sul letto: ho un'autista col camice bianco, vedessi che roba... è bellissima!». Era fatto così: era lui che consolava gli altri. Poi un giorno mi fa: «Non sei venuto a trovarmi, *eh*? Lo so *ben* il perché: non vuoi vedermi nel letto». «È proprio così, Marco. Io ti ho sempre conosciuto in piedi, un camminatore formidabile». «Fai bene, non venire: pensa che io di te ho un ricordo che mi fa ancora male adesso». «Non ti capisco». «Ti ricordi quella volta che abbiamo fatto quel passaggio difficile, che i nostri cani hanno dovuto fare il giro perché non potevano seguirci? Eravamo nel Parco e c'era da fare una traversata su morena e poi un pezzo di roccia da scalare. Io avevo lo zaino e mi muovevo male: tu eri già sulla cresta e quando mi sono partiti i piedi all'improvviso, mi hai brancato di peso per il braccio e mi hai tenuto. Ecco: il braccio mi fa ancora male adesso – io tutti i giorni sento ancora la tua mano, la tua stretta che un po' mi impressiona e un po' mi fa compagnia».

In casa c'è appeso un suo ritratto e una foto bellissima scattata da lui, fatta a un lupo da molto vicino: «Mi sono fatto avanti anche se stava mangiando perché sentivo che il lupo lo sapeva che ero ammalato. Infatti non mi ha mica detto niente».

Già da qualche anno Marco si era trasferito a Saint-Pierre, dove ha messo su una bella famiglia. Lui è partito svantaggiato senza averne nessuna colpa, come il camoscetto con un occhio cieco, ma poi si è risollevato: ce l'ha fatta. Qualche anno fa hanno rilasciato un gipeto in Val di Rhêmes e il Parco ha voluto dargli il suo nome: adesso anche Marco che vola ha messo su famiglia nelle rocce sopra il villaggio, sulle sue montagne.

Qualche volta, girando in montagna mi sono fatto male ed è stata sempre la montagna che mi ha aiutato a guarire. A sessant'anni mi è capitato di portare due camosci da venticinque chili l'uno da tremila metri fino al villaggio: le ginocchia e la muscolatura delle gambe bruciavano come se le avessero incendiate. Allora prendevo una zolla di terra nera, argillosa, da quella sorgente fredda che c'è sopra il Lago di Changier, verso Felumaz: abbassavo i pantaloni e la stendevo sulle gambe per qualche minuto – passava tutto.

L'argilla della Dora fa bene anche da bere, se la prendi in alto – sopra gli scarichi. Se ne versa un cucchiaino in una bottiglia, si mescola con l'acqua e si fa depositare: è un abrasivo che ti pulisce dentro – non bisogna esagerare però, come in tutte le cose.

L'incidente più grosso però non l'ho avuto in montagna. Lavoravo come stradino e una sponda del camion mi è venuta addosso assieme a tutto il carico di sacchi di ghiaia: non ho tenuto, ero ben sgnaccato, *deh*. Sentivo da fuori che dicevano «È morto, è morto!», ma non ero capace di parlare – non riuscivo per il peso che avevo addosso. A forza di braccia mi hanno liberato. Io mi sono alzato e sono caduto di nuovo, finché non mi hanno preso e mi han caricato su una macchina: volevano portarmi all'ospedale, ma mi sono ribellato. Alla fine mio fratello Enrico mi ha accompagnato da un ortopedico: appena mi ha visto ha preparato il lettino per farmi rimanere lì: «Perché, dove vorresti andare, che sembra che ti sia passato sopra il cingolo di uno scavatore?». Non c'è stato verso: Enrico mi ha riportato dove avevo lasciato la Renault 4 e ho guidato fino a casa: venti chilometri in seconda. Non riuscivo ad alzare il braccio destro, facevo pena: mi hanno dovuto accompagnare a casa due che mi hanno visto parcheggiare. Un momentino dopo è venuto Vittorio Jaccalla (erano diciotto fratelli e sorelle della Valsavara) con un secchio di miele di quello che dava da mangiare alle api d'inverno. Lì mi ha svestito tutto e con le mani mi ha spalmato uno strato di miele dal collo alle caviglie. Ero avvolto nel miele e nelle coperte. Mi ha detto di non lavarmi e di farmi spalmare di nuovo da Nathalie il giorno dopo: *eh ben*, son guarito. Lì non è in montagna che mi son fatto male, ma è il miele di montagna che mi ha rimesso in piedi.

Era stato sempre il miele a salvarmi la gamba quando me l'ero rotta da *bocia:* avevo nove anni, giocando sono caduto da un cespuglio e sono finito dritto dentro a una buca – *crac.* Ho sentito un dolore enorme sotto al ginocchio, non camminavo più. In casa però nessuno aveva tempo di portarmi dal dottore, così son stato nove giorni con la gamba rotta – mi ero fatto da solo delle stampelle con due pezzi di legno. Alla fine papà mi ha portato a Introd dalla signora Valeria che aggiustava le ossa: ho fatto il viaggio seduto sul tubo della bici – sullo sterrato pieno di buche sentivo un male da vedere le stelle. Era una brutta frattura, con una scheggia staccata che si sente ancora adesso passando il dito sulla pelle. Valeria ha *placcato* una cotenna di maiale non salata sulla gamba, dalla caviglia al ginocchio. Poi ha spalmato uno strato spesso di miele sulla cotenna e ha fasciato tutto con le bende che usavano gli alpini – «Queste però me le riporti» ha detto a papà. Dopo diciotto giorni camminavo e non ho ancora smesso settant'anni dopo. Una gamba mi è rimasta un po' più corta dell'altra, ma tutte e due insieme han viaggiato mica da ridere.

Una volta la farmacia era il bosco, il fiume, la montagna. Ci si curava con quel che c'era e che non costava – se non la fatica di raccogliere, pulire e far seccare: erbe, foglie, radici. Poi c'è la luna: la luna che sposta l'acqua degli oceani, fa cadere le valanghe fino al quinto giorno di luna crescente, spacca le pietre, fa ingiallire il bucato quando è piena e influenza la salute e l'umore ogni giorno in un modo diverso. Marcel Blanc, che aveva aperto una cava in Valsavaranche, aveva assunto la luna, la faceva lavorare per lui: preparava tutto per il tale giorno e lasciava fare a lei. Metteva solo delle piccole punte piatte sulla venatura della roccia, le piantava appena con un piccolo martello e aspettava la notte giusta. Il giorno dopo era tutto aperto, senza usare mine e scalpelli. Non c'è niente da fare: la luna è un martello e noi siamo l'incudine.

La montagna mi ha visto nascere, mi ha nutrito, insegnato, curato. Così sono diventato il signore delle cenge rocciose, la sentinella dei valichi secondari e l'esperto delle morene nascoste: ho regnato su quel reame di sassi non perché era mio – ma perché gli appartenevo. La montagna mi ha concesso di starle insieme e io sono diventato il suo custode rispettoso, un pastore di stambecchi in tutte le stagioni. Quest'estate sono andato a prendere un pezzo di legna giusto qui sopra e ne ho contati sessantadue, quasi tutti maschi. Mica si son spostati: mi son seduto per un po' in mezzo a loro, ero accerchiato. Erano gli stambecchi che controllavano me o io che controllavo loro? Nessuno controllava nessuno. Ci stavamo solo facendo compagnia. Quando poi mi sono alzato, son partiti via tutti fischiettando – *tschk! tschk!* – tranne due vecchi, che sono rimasti a guardarmi. «E voi cosa credete di essere? Siamo uguali, io e voi: siamo rimasti solo noi – e tutti e tre alla fine». Li ho salutati e me ne sono andato: «Allora ci vediamo di là».

Capitolo 10
A ramengo
epilogo

Rhêmes è come un nido, ma un nido di quelli costruiti alla buona con quattro rami sulle cenge – come fanno l'aquila e il gipeto. Un nido precario che un inverno più duro o una valanga più prepotente delle altre sono capaci di distruggere. Un piccolo nido sufficiente appena per un paio di pulcini, affacciato sull'abisso che bastano un corvo o un crollo di sassi per condannare la nidiata. Eppure, quando eravamo giovani, quel nido era pieno di vita come un formicaio. C'era Agata Anselmet, che faceva gli scherzi, saltava da un tetto all'altro del villaggio e nessuno dei maschi riusciva a tenerle dietro – adesso è in carrozzella. C'era suo papà – sempre sorridente come lei – che dopo due anni di guerra in Libia è tornato appena in tempo per essere richiamato al fronte della Grande Guerra «però in trincea al confronto sembrava di essere in villeggiatura». C'era Oscarino – macellaio, verduriere e guida alpina – che da piccolo è diventato sordo per aver sfidato un montone a cornate. Era talmente grosso e forte che ce n'era di quelli che lo facevano apposta: quando lo vedevano con un mezzo manzo sulla spalla, attaccavano a stuzzicarlo con il campionato di calcio. Oscarino si dimenticava dov'era e cosa stava facendo: con una mano lo vedevi che teneva fermo il manzo, mentre con l'altra gesticolava, tutto preso dalla discussione. Una volta gli han fatto passare un'ora con questa mezza mucca sulle spalle, *deh*.

Per le vie del villaggio potevi incontrare le facce fisse e i volti di passaggio: d'autunno e in primavera facevano tappa a Rhêmes tutti i commercianti vagabondi. Ce n'era di quelli che venivano dalla Francia e di altri che venivano dal Piemonte – ma per noi tutto quello che è più a sud di Pont-Saint-Martin è già Piemonte. Attraversavano il confine passando sui ghiacciai coi muli e con la merce.

I venditori di stoffe disonesti aprivano il loro grande fagotto – la *ptlize* – e misuravano le pezze con un metro più corto, per fregare centimetri a ogni taglio: una volta la mamma se ne è accorta e il metro fallato glielo ha dato sulla schiena al venditore: «Brutta bestia che ti sei tenuto cinque centimetri della stoffa che mi hai fatto pagare!» Quel commerciante si chiamava Falco, vendeva cose da donne e con le donne ci sapeva fare: «Adesso che mi hai dato una bastonata, offrimi almeno un bicchiere di vino». Cosa volevi dirgli? Era fatto così.

Quelli che non avevano neanche il mulo si facevano bastare un armadio di legno un po' concavo, pieno di cassetti con dentro un po' di tutto: aghi, fili, bottoni, ditali e altre piccole cose da merciaio – erano i *colporteurs*.

Fra quelli che andavano e venivano a ogni stagione c'erano anche i *ramoneurs*, gli spazzacamini – loro hanno fatto la vita peggiore di tutti. Uno di Artalle ha mandato a pulire i camini diciotto figli: a una bambina di sette anni hanno tagliato i capelli corti e messo i pantaloni perché i caporali la prendessero per un maschio – lei non andava mai a fare la pipì perché altrimenti la scoprivano e così è morta. Anche il fratello di Nestìn, un parente di mia mamma, lo hanno ficcato nei camini perché era magro e si infilava dove gli altri non riuscivano: ma è morto in pianura perché, quando è diventato troppo debole per lavorare, come medicina gli hanno dato dei calci. Fare il *ramoneur* non era mica un mestiere, era una condanna: ti prendevano perché eri piccolo e ti consumavano come una candela.

Adesso a Rhêmes non c'è più quasi nessuna delle persone che abbiamo conosciuto: sono tutte andate. Dall'altra parte oppure soltanto un po' più a valle, dove l'inverno è un po' meno inverno e d'estate riesce persino a maturare qualche frutto. Quassù, invece, ci sono solo due stagioni: l'autunno e l'inverno. L'autunno comincia a maggio e finisce al mese di settembre, poi arriva l'inverno che nelle giornate più corte ci lascia solo tre ore di luce. Se non vengono troppe gelate, riusciamo a mangiare l'insalata dell'orto la prima settimana di luglio, le zucchine e i pomodori non c'è verso di farle crescere e quel che coltiviamo sono più che altro cavoli e porri. Una volta è incredibile come tutta la terra fosse sfruttata: spremuta fino all'ultimo per nutrire le tante bocche dei villaggi. I campi erano tutti irrigati, ogni piccolo appezzamento aveva il suo quarto d'ora d'acque – e guai a sgarrare. Le terrazze erano coltivate a patate, orzo e segale, le strade sterrate erano tutte recintate: guai se una mucca metteva fuori la testa – saltava fuori subito qualcuno pronto a urlarti di lasciar stare la sua erba. Adesso dell'erba e del fieno importa più a pochi, in compenso ce n'è parecchi che si litigano i parcheggi.

I primi villaggi a spopolarsi sono stati quelli più in alto, dove l'asfalto non è mai arrivato: Barmaverain, Fos – nell'Ottocento a Fos c'erano persino dei laureati, adesso ci sono solo marmotte – Thumel, il Pellaud. Poi è toccato anche a Rhêmes perdere persone: negli anni Sessanta e Settanta non avevamo nemmeno più il parroco. E dire che si stava già meglio di quando eravamo ragazzi noi: non erano più i tempi della *tabourne de l'ours*. Dicono che nelle case di una volta, che avevano un'entrata unica, sotto il trave maestro, proprio sopra alla porta, si lasciava un buco rotondo – la *tabourne*: quando l'orso si avvicinava e raschiava alla porta, gli tiravano una secchiata di brace e l'orso toglieva il disturbo.

Vivere in montagna non è facile, ma ora forse si riuscirebbe senza tribolare come abbiamo fatto noi. Quando mi lamento che adesso consumiamo troppa legna, mia moglie mi ricorda che da piccoli ne facevamo andare di meno perché stavamo nella stalla per sfruttare il calore delle mucche. Termometri non ce n'erano: ma che faceva freddo lo capivi ben lo stesso quando per uscire dovevi dare delle pedate in fondo alla porta della stalla perché era gelata persino la condensa tiepida delle bestie. L'altro termometro era la minestra: si metteva sulla finestra e se la trovavi gelata, allora voleva dire che faceva freddo per davvero. Ma sul davanzale dentro casa, *eh* – mica fuori. A raccontarlo adesso, mi sembra quasi che fossero tempi più belli di oggi. Quando Nathalie mi sente, mi fa notare che il tempo di quando si era in famiglia tutti insieme, giovani, forti e senza tanti pensieri è sempre il più bello per tutti. Ha ragione lei. Erano anni duri, non bisogna rimpiangerli. Ma salvare quel che di buono c'era in quel mondo semplice, fatto di poche lire e tanto ingegno, sì. Non so mica dire che cos'è che era, ma è qualcosa che non trovo più in giro, una moneta fuori corso come la lira, una parola che è sparita persino dai giornali – dignità.

Nella mia vita, ho avuto tempo di veder rinascere Rhêmes e ora mi tocca di vederla morire – muore perché è morta la scuola: l'hanno chiusa quest'anno perché c'era solo un bambino e adesso lo portano a Introd. Quando hanno finito di costruire la scuola nuova sono finiti anche i bambini. Dispiace vedere che tutto se ne va *a ramengo.*

Valdostani ce n'è più che pochi. Ci sono giusto quei quattro *bacanàs* di settanta-ottant'anni come noi. Quelli che appena aprono bocca puoi riconoscere il villaggio da dove vengono per il *patois* che hanno in bocca, pieno di parole e di piccoli accenti che quasi nessuno ricorda. Ogni dialetto ha un sapore diverso, anche se oggi è tutto un po' più uguale dappertutto. Con la fontina valdostana è la stessa cosa: ce n'è ancora di quella vera, ma la maggior parte delle forme che vendono per buone vanno bene come ruote di scorta – son dure che possono vergognarsi di chiamare questa roba fontina. Una volta i vecchi casari, appena tirata fuori la fontina dalle forme la mettevano sul braccio: la forma si piegava tanto che i due lati si toccavano insieme senza rompersi. Il formaggio davvero buono adesso te lo fanno pagare carissimo e quello migliore non lo puoi più vendere perché ha le *camole.* Per chi è cresciuto a toma fatta in casa e pane nero una cosa così è difficile da digerire.

Mi dicono che sono l'unico valdostano che non fa il tifo per la Val d'Aosta. Ma non è mica vero. Io amo la Val d'Aosta, ma prima ancora amo l'Italia. Per difenderla ho rotto il muso a una guardia francese al casotto del Parco del Lago della Sassière. Gli avevo portato il vermouth, loro erano in quattro e ne avevano bevuto un bel po'. Una delle guardie del Parco Nazionale della Vanoise ha attaccato la solfa: «Italia ladra, italiani *macaroni*». Se toccano me posso anche sopportare, ma non toccatemi l'Italia. Gli ho risposto per le rime in francese, quando mi arrabbio lo parlo benissimo. Poi mi sono messo ad aspettare che reagisse: quando l'ho visto che faceva il gesto di tirarmi una sberla, gli ho fermato la mano con la destra e gli ho ficcato un pugno in mezzo alla testa – è caduto secco. Un po' la botta, un po' che era ubriaco, abbiamo iniziato a tirargli delle secchiate d'acqua addosso per farlo riprendere. Poi il capo delle guardie mi chiama fuori – lui in divisa, io in divisa; loro quattro, io da solo. Appena siamo stati fuori mi ha teso la mano: «Avrei dovuto fare io quello che hai fatto tu», ha detto. Allora gli ho stretto la mano: «*Bien*, la prossima volta che hai bisogno allora chiamami». Ce l'ho proprio davanti alla finestra, il confine: lo conosco a memoria e lo rispetto – *deh*, ho passato la vita a sfidare o sorvegliare paline di confine. Ma tutte le volte che Nathalie mi sente dire che la Galisia è tutta francese e la Calabre solo mezza italiana brontola lo stesso: si consola giusto perché almeno la Granta è tutta nostra.

E io dico nostra, cioè italiana, come al tizio che aveva

sindacato la mia banderuola in cortile perché dipinta con il tricolore e non in rosso e nero, i colori regionali. Va bene la Val d'Aosta, ma quando una bandiera coincide con un partito politico smette di piacermi - tutto lì.

Adesso il villaggio si riempie a ondate, nei periodi in cui diventa interessante per i turisti – poi, si svuota. Sembra l'alta marea – ogni volta che si ritira lascia sempre meno pesci vivi nelle pozze e l'acqua un po' più torbida. Nei periodi in cui c'è fin troppa gente, ho i miei metodi per rendermi invisibile quando non voglio essere disturbato. D'estate mi ritiro in un posticino segreto al riparo dal vento fra la casa e la Dora, da novembre fino a aprile c'è il laboratorio di falegnameria. Ma qualche volta riesco a bisticciare anche se sono nascosto. Mi consolo che queste cose succedono persino ai monaci. A Rhêmes sono tre: molto riservati e molto in gamba – ci fanno molta compagnia. Non lo so se erano già così prima, o se li abbiamo fatti diventare testoni dopo sei anni che sono in questo villaggio, sta di fatto che nei periodi in cui c'è tanta gente, finisce che anche loro litigano con qualcuno. Anche se hanno ragione, dopo stanno male perché sono uomini di fede – ma a me dei monaci così sono ancora più simpatici.

Un inverno via l'altro ne sono passati più di ottanta in questa casa che era già di mia nonna, poi di mio padre. Nelle foto antiche del paese è una delle poche che c'erano già prima degli alberghi, della pista da fondo, delle villette. Quando l'ho restaurata insieme a mio papà, ogni pietra l'ho presa in mano tre volte e i muri potrei chiamarli per nome, da quanto li conosco bene. Ogni trave e ogni asse di legno mi ricorda un albero che abbiamo tagliato insieme e il cemento è fatto con la sabbia raccolta in Dora. È una casa fatta con i materiali di queste montagne e non la baratterei mai con una più moderna. Non è vero che i muri non ascoltano e non parlano: una casa come questa vive, respira, ha un'anima. Certo, bisogna che qualcuno le parli e le presti attenzione – altrimenti, come ogni cosa, si intristisce e muore. Una catasta di legna che ha preparato una persona a cui vuoi bene – e che non c'è più – e un mucchio di legna qualunque hanno lo stesso aspetto per chi non sa distinguere. Eppure sento che la differenza è enorme e che ciascuno dovrebbe poter andare di là sapendo che le persone che ama sapranno riconoscere la catasta di legno preparata per loro e con quella scaldarsi – quando verrà l'inverno.

Ormai è raro che mi allontani molto da Rhêmes, calpesto i miei passi sui sentieri fra i larici, mi presento al cospetto di rocce o cascate come in visita a vecchi amici. Quello che invece mi succede sempre più spesso è di pensare a tutto quel che è stato, a un contrabbandiere bambino semicongelato nella piccola stalla di una povera casa di un paese minuscolo in una valle tronca, a un giovane manovale infaticabile, a un guardiaparco curioso degli animali, a un guardiacaccia che contende ai bracconieri la notte e la selvaggina, a un vecchio dallo sguardo azzurro che sbotta per la fatica di molare la lama della motosega: ed ecco che le immagini si confondono, diventano irreali, come in un sogno. Sì, ci sono delle volte in cui mi dico che forse ho solo sognato.

Indice

PEFC
Certificato PEFC
Questo prodotto è realizzato con materia prima da foreste gestite in maniera sostenibile e da fonti controllate
PEFC/18-31-226 www.pefc.it

Questo libro è stampato col sole

Azienda carbon-free

Fotocomposizione: Alessio Scordamaglia

Finito di stampare
nel mese di aprile 2024
per conto della Adriano Salani Editore s.u.r.l.
da Grafica Veneta S.p.A. di Trebaseleghe (PD)
Printed in Italy